新文科·新传媒·新形态 精品系列教材

U0734619

剪映短视频
策划、拍摄、剪辑实战教程

全彩微课版

刘凯◎主编

孙金丽 杨天红 第五维强◎副主编

人民邮电出版社

北 京

图书在版编目（CIP）数据

剪映短视频策划、拍摄、剪辑实战教程：全彩微课
版 / 刘凯主编. -- 北京：人民邮电出版社，2025.6
新文科·新传媒·新形态精品系列教材
ISBN 978-7-115-64332-2

Ⅰ. ①剪… Ⅱ. ①刘… Ⅲ. ①视频编辑软件—教材
Ⅳ. ①TP317.53

中国国家版本馆CIP数据核字(2024)第086029号

内 容 提 要

本书从短视频创作的基础理论出发，以剪映为核心工具，系统、全面地介绍了短视频的策划、拍摄、剪辑、发布等相关内容。全书共10章，主要内容包括短视频概述、短视频策划、短视频拍摄、剪映剪辑基础、精细剪辑短视频、短视频的后期调整、短视频音频的应用、短视频字幕与贴纸的应用、短视频的发布和综合实战。

本书可作为高等院校网络与新媒体、电子商务等专业相关课程的教材，也可作为新媒体行业相关从业人员的参考书。

◆ 主　编　刘　凯
　副 主 编　孙金丽　杨天红　第五维强
　责任编辑　赵广宇
　责任印制　陈　犇

◆ 人民邮电出版社出版发行　　北京市丰台区成寿寺路 11 号
　邮编　100164　电子邮件　315@ptpress.com.cn
　网址　https://www.ptpress.com.cn
　北京瑞禾彩色印刷有限公司印刷

◆ 开本：700×1000　1/16
　印张：13　　　　　　　　　2025 年 6 月第 1 版
　字数：276 千字　　　　　　2025 年 7 月北京第 2 次印刷

定价：69.80 元

读者服务热线：(010)81055256　印装质量热线：(010)81055316
反盗版热线：(010)81055315

前　言

当前，短视频行业正在快速发展，已经成为移动互联网的重要组成部分。据中国互联网络信息中心发布的报告，截至2024年12月，我国网民达11.08亿人，手机网民增长至11.05亿人。2018—2024年，短视频用户从6.48亿人增长至10.40亿人，短视频用户占网民整体的93.8%。

剪映是由抖音官方推出的一款视频编辑软件，可用于短视频的拍摄、剪辑和发布。剪映帮助大批短视频用户迈出了从观众转型为创作者的第一步，在用户需求不断增加的背景下，剪映已逐渐成为一个面向短视频创作者的综合服务平台。作为一款功能强大且易于使用的视频编辑软件，剪映具有良好的前景和发展潜力。

本书特色

编者对众多院校相关课程的教学目标、教学方法、教学内容等进行了调研，有针对性地设计并编写了本书。本书的特色如下。

（1）**精心编排，浅显易懂**。本书立足于短视频创作的基础理论，以剪映为核心工具，在编排内容时，采用"理论知识＋实践操作"的结构，着重选择短视频创作过程中必备、实用的知识和技能进行讲解，将复杂难懂的知识和技能通过专业的体系结构划分和深入浅出的讲解，变成读者能够轻松阅读和上手的内容。

（2）**图解教学，互动指导**。本书采用图文结合的方式进行讲解，让读者在实操过程中更直观、更清晰地掌握短视频的创作方法与技巧。同时，书中还设置了"小贴士"模块，对操作中需要注意的问题进行了贴心提示，具有很强的指导性与实用性，可以帮助读者答疑解惑。

（3）**强化技能，培养人才**。党的二十大报告指出："实施科教兴国战略，强化现代化建设人才支撑。"本书不仅使用大量案例来讲解使用剪映进行短视频创作的基本理论和方法，还通过"实战案例指导""实训""思考与练习"等模块提高读者创作短视频的实操能力，力求培养既懂理论又善于实践的复合型人才。

（4）**立德树人，素养教学**。党的二十大报告指出："育人的根本在于立德。全面贯彻党的教育方针，落实立德树人根本任务，培养德智体美劳全面发展的社会主义建设者和接班人。"本书从教学内容设计入手，坚持把立德树人作为中心环节，以培养读者的综合能力为根本目标，实现理论讲解与素养教育的深度结合，提高读者的综合素养。

本书使用指南

为了方便教学，编者为使用本书的教师提供了丰富的教学资源，精心制作了教学大纲、电子教案、PPT 课件、素养教学案例、案例素材、实训资源、思考与练习答案、题库与试卷管理系统等教学资源，其名称及数量如表 1 所示。用书教师如有需要，可登录人邮教育社区（www.ryjiaoyu.com）免费下载。

表1 教学资源名称及数量

编号	教学资源名称	数量
1	教学大纲	1 份
2	电子教案	1 份
3	PPT 课件	10 份
4	素养教学案例	1 份
5	案例素材	多份
6	实训资源	多份
7	思考与练习答案	9 份
8	题库与试卷管理系统	1 套

本书作为教材使用时，课堂教学建议安排 28 学时，实践教学建议安排 28 学时。各章主要内容及学时安排如表 2 所示，用书教师可根据实际情况进行调整。

表2 各章主要内容及学时安排

章序	主要内容	课堂学时	实践学时
第 1 章	短视频概述	2	1
第 2 章	短视频策划	4	1
第 3 章	短视频拍摄	4	2
第 4 章	剪映剪辑基础	2	2
第 5 章	精细剪辑短视频	4	4
第 6 章	短视频的后期调整	2	4
第 7 章	短视频音频的应用	2	4
第 8 章	短视频字幕与贴纸的应用	2	4
第 9 章	短视频的发布	2	2
第 10 章	综合实战	4	4
学时总计		28	28

为了帮助读者更好地使用本书，编者精心录制了配套的微课视频，读者扫描书中

二维码即可观看。微课视频内容及页码如表3所示。

表3 微课视频内容及页码

微课编号	微课视频内容	页码	微课编号	微课视频内容	页码
1-1	初识短视频	2	4-5	短视频剪辑的情绪表达技巧	79
1-2	常见的短视频内容类型	6	4-6	认识剪映	80
1-3	优质短视频的创作要素	9	4-7	剪映的功能介绍	81
1-4	短视频创作和发布的流程	10	4-8	认识剪映的剪辑界面	82
2-1	什么是短视频定位	16	5-1	剪辑短视频画面	92
2-2	做好内容定位	16	5-2	视频画面的基本调整	97
2-3	勾画用户画像	19	5-3	视频的设置与管理	101
2-4	短视频选题策划的5个维度	21	6-1	视频调色处理	108
2-5	短视频选题的基本原则	22	6-2	为短视频添加滤镜	109
2-6	获取选题素材的途径	23	6-3	不同转场方法及应用场景	114
2-7	切入选题的3种方法	25	6-4	使用叠化转场效果	117
2-8	内容的垂直细分	26	6-5	使用运镜转场效果	118
2-9	内容创作的原则	27	6-6	使用幻灯片转场效果	118
2-10	优质内容的策划方法	28	6-7	认识蒙版	119
2-11	短视频封面的设计	29	6-8	添加并编辑蒙版	120
2-12	优质标题的策划方法	31	6-9	一键添加画面特效	121
2-13	短视频脚本的构成要素	33	6-10	添加有趣的人物特效	121
2-14	短视频脚本的3种类型	34	6-11	制作分身效果短视频	122
3-1	短视频的拍摄工具	43	7-1	处理视频素材中的音频	129
3-2	画面构图的设计	50	7-2	添加音乐	130
3-3	景别和景深的运用	52	7-3	处理音频素材	135
3-4	拍摄角度的选择	54	7-4	声音的录制和编辑	137
3-5	运镜方式的巧用	59	7-5	制作音乐卡点视频	139
3-6	尺寸和格式的设置	62	8-1	创建字幕	146
3-7	对焦与曝光的设置	62	8-2	识别字幕	147
3-8	短视频拍摄的进阶技巧	64	8-3	识别歌词	148
4-1	短视频剪辑的基本流程	73	8-4	字幕的基本调整	149
4-2	短视频剪辑应遵循的3个原则	74	8-5	设置字幕的样式	150
4-3	短视频剪辑的4个注意事项	75	8-6	应用花字及文字模板	151
4-4	短视频剪辑的常用方法	76	8-7	设置字幕的动画效果	152

编者团队

本书由刘凯担任主编，由孙金丽、杨天红、第五维强担任副主编。

尽管编者在编写本书的过程中精益求精，但由于水平有限，书中难免有疏漏和不妥之处，敬请广大读者批评指正。

编者

2025 年 4 月

目 录

第6章
短视频的后期调整

第7章
短视频音频的应用

第8章
短视频字幕与贴纸的应用

第 1 章

短视频概述

学习目标

1. 了解短视频的概念

2. 熟悉常见的短视频内容类型

3. 熟悉优质短视频的创作要素

4. 熟悉短视频创作和发布的流程

素养目标

1. 提高学生的学习兴趣

2. 指导学生做好职业生涯规划

引导案例

　　过去人们想要获取新闻信息，只能通过报纸、广播、电视等渠道，随着时代的发展和科技的进步，人们获取信息的方式逐渐发生改变。手机从最初的2G时代的通信工具，发展到3G时代可以搜索文字和图片等资料，再到4G时代增加了音频、视频等，使人们可以了解到最新的资讯。而随着5G时代的到来，发展了半个多世纪的互联网也将迎来新的重大转折。

　　在新媒体时代，互联网技术飞速发展，不仅通信工具更新迭代，许多新的社交软件也应运而生，如抖音、快手等短视频平台已成为人们日常生活中重要的娱乐工具。如今，短视频用户不仅可以是信息的接收者，也可以成为信息的创作者。人们将自己的生活、创意、所见所想等通过短视频的方式记录下来，然后通过短视频平台传递出去，并获取更多自己想要的信息。这种双向的互动方式得到了人们的喜爱，对人们的生活也产生了重大影响。

思考题：

1. 结合案例内容，分析短视频对人们生活的影响。

2. 你平常"刷"短视频吗？主要"刷"哪些内容？请举例说明。

1.1 初识短视频

随着移动互联网的不断发展及视频形式的不断细分，短视频凭借自身强大的优势，不仅成为受人们欢迎的娱乐和消遣方式之一，也受到越来越多的商家和企业的青睐。要想做好短视频，首先要对短视频有正确的认识，下面从短视频的概念、特点和发展态势开始介绍。

微课1-1

1.1.1 短视频的概念

5G 时代已经到来，移动互联网成为人们生活中不可缺少的一部分，人们对移动互联网的依赖性也越来越强。当前短视频行业正在快速发展，行业规模和社会影响力持续扩大，短视频已成为移动互联网的重要组成部分。

短视频是一种继文字、图片、传统视频之后新兴的互联网内容传播形式，它融合了语音和视频，可以更加直观、立体地满足用户表达和沟通的需求，满足用户相互之间展示与分享信息的诉求。短视频最初的视频长度以"秒"计算，现在则有向长视频发展的趋势。短视频主要依托于移动智能终端（各种新媒体平台）实现快速拍摄和美化编辑，是可以在社交媒体平台上实现实时分享的一种新型媒体传播形式。

即便短视频有向长视频发展的趋势，其时长仍然较短，因此适合用户在移动状态和短时休闲状态下观看并被高频推送。并且，其内容可以融合技能分享、幽默搞怪、时尚潮流、社会热点、街头采访、公益教育、广告创意、商业定制等各类主题，因此也能够满足不同人群的观看需求。目前，短视频平台呈现出"两超（抖音、快手）多强"的局面。图 1-1 所示为抖音平台用户发布的短视频的截图，图 1-2 所示为快手平台用户发布的短视频的截图，图 1-3 所示为微信视频号平台用户发布的短视频的截图。

图1-1 　　　　　　图1-2 　　　　　　图1-3

小贴士

2025年1月，中国互联网络信息中心（China Internet Network Information Center，CNNIC）发布第55次《中国互联网络发展状况统计报告》。该报告显示，截至2024年12月，我国网民为11.08亿人，互联网普及率达78.6%；网络视频用户达10.70亿人，较2023年12月增长347万人，占网民整体的96.6%；短视频用户为10.40亿人，占网民整体的93.8%。

1.1.2 短视频的特点

我们都知道长视频主要是由专业的影视公司制作的，如电视剧、电影、电视节目等，其投入大、成本高、制作周期长，这是长视频的特点。而短视频则是在长视频的发展过程中衍生出来的，它与长视频有许多共同点，但也在长期发展过程中形成了自己的特点，具体内容如下。

1．时长短，内容丰富

短视频的时长较短，符合当下快节奏的生活和工作方式，便于用户利用碎片化时间快速观看。而且相较于文字、图片而言，短视频可以给用户带来更好的视听体验。由于时长短，所以要求短视频每一秒的内容都要很丰富，即浓缩的就是精华，这大大降低了用户获取信息的时间成本，并充分利用了用户的碎片化时间。

2．传播快，社交属性强

短视频是信息传递的新方式，是社交的延伸。用户将拍摄制作完成的短视频上传至短视频 App 之后，其他用户可以点赞、评论互动、转发分享和私信交流。短视频 App 与微信、微博等其他社交平台合作，为用户制作分享短视频提供了有利的条件，即用户可以将短视频转发到微信朋友圈和微博等社交平台中，进行广泛的传播。

3．形式多样，个性化十足

短视频的用户群体跨度大，内容的表现形式也多种多样，符合不同群体的个性化和多元化的审美需求。有的短视频运用创意剪辑方法和炫酷特效，有的短视频采用情景剧形式，或搞笑，或感人，以此来充分展现创作者的想法和创意，向用户传递情感等。而用户也可以根据自己的兴趣爱好选择观看不同内容形式的短视频，从而满足自己的精神需求。

4．观点鲜明，信息接受程度高

在快节奏的生活方式下，大多数人在获取日常信息时习惯追求"短、平、快"的消费方式。短视频传播的信息观点鲜明、内容集中、言简意赅，容易吸引用户，并被用户理解与接受，信息传达度和接受度很高。

5. 制作简单，生产成本低

在短视频出现之后，大众发现制作短视频不需要专业的团队，不需要复杂的流程，也不需要高昂的成本，自己只需拿起手机就可以拍摄短视频，然后经过简单的加工，便可以发布短视频。短视频的制作简单，生产成本低，这种"即拍即传"的传播方式，降低了创作门槛，使普通大众也能够参与进来，进一步提高了公众的参与度。

6. 实现精准营销，营销效果好

短视频制作者可以根据用户的年龄、身份等信息进行内容垂直细分创作，因此与其他营销方式相比，短视频营销可以更加准确地找到目标用户，实现精准营销。目前，大多数短视频平台已经植入广告，因此用户在看短视频的同时会看到广告，而且一些短视频播放界面有购物链接，方便用户在观看短视频的同时购买自己所需要的商品，进行粉丝变现，从而达到良好的营销效果。

1.1.3　短视频的发展态势

短视频正逐渐渗入大众的生活并慢慢改变人们的生活和工作方式。在当前时期，短视频呈现出以下发展态势。

1. 短视频内容趋于优质和丰富

短视频行业本质上是内容驱动型行业，优质的内容是短视频平台制胜的关键。目前短视频行业令人诟病的问题之一便是内容同质化。由于短视频制作门槛低，普通用户有了展现自己的舞台，大批普通用户可以制作并上传短视频，但是问题也随之而来，即短视频内容重复，极易使用户产生视觉疲劳，造成用户流失。

随着资本的注入和专业团队的加入，短视频内容变得丰富多样。有的短视频创作者将生活中发生的有趣小事进行加工，突出笑点，收获了大批粉丝；有的短视频创作者运用自己的专业技巧，使用不同的剪辑特效，制作炫酷的短视频内容，吸引粉丝关注；有的短视频创作者制作情景剧，在几分钟内向观众讲述故事，内容既可以涉及亲情、友情、爱情，也可以是人生哲理，时长虽比电影、电视剧短，但内容优质、制作精良，能在众多短视频中脱颖而出。

2. "短视频＋"模式逐渐形成

随着短视频市场的逐渐成熟，在如火如荼的市场竞争下，各大平台的商业变现模式正在不断延伸，而"短视频＋"的新模式带来了更多的变现路径和发展机遇，受到了越来越多的瞩目。多种业态的结合，将成为短视频行业未来的发展趋势。例如，"短视频＋直播"和"短视频＋电商"将成为短视频发展的全新赛道。随着 5G 时代的到来，通信技术日渐成熟，

"短视频＋社交"模式的内容传播方式将为短视频类社交方式带来新的变革。

AR（Augmented Reality，增强现实）、VR（Virtual Reality，虚拟现实）、无人机拍摄等技术的日益成熟及广泛应用，有力地促进了短视频行业的发展，也使用户得到了更好的视觉体验。在第五届中国国际进口博览会上，运营商通过多台VR全景摄像机，将现场的真实环境完整地呈现出来，观众不仅能无死角地观看视频画面，还能自主调整观看视角，以第一视角实现"云"收看。通过"短视频＋VR/AR"丰富短视频应用场景，提升用户体验，短视频行业的发展空间将越来越大。

3．短视频与长视频融合发展

短视频与长视频正呈现出一种相互汲取、相互竞争的状态，即短视频"变长"、长视频"变短"的新状态。一方面，短视频平台在不停地丰富内容类别、题材和形式，积极推动短剧、短综艺等内容的开发，向长视频领域学习的同时也提出挑战。另一方面，长视频也正在试图"以长带短"，如爱奇艺相继推出纳逗、锦视、姜饼视频，优酷设立"小剧场"，腾讯设立"短剧"频道，打造了各种各样的中短视频。这也体现了长视频的反击，这种反击不仅代表了竞争，也反映了短视频与长视频的相互影响。

对大多数视频应用用户来说，长视频和短视频都是日常娱乐的重要选择。在内容深度和沉浸感上，长视频有短视频无法比拟的优势。融合发展是实现双赢的重要一步，对长视频和短视频的创作者和消费者均有重要意义。

小贴士

短视频的发展历程可以分为萌芽期、探索期、发展期、爆发期和突破期5个阶段。

（1）萌芽期。随着移动互联网时代的到来，大众消费越来越移动化和碎片化，制作的低门槛和低成本促进了短视频的发展。2011年年初，北京快手科技有限公司推出一款名为"GIF快手"的产品，即短视频的前身。2012年年底，"GIF快手"转型为短视频社区，改名为"快手"，用户可以在该平台上记录和分享日常生活。

（2）探索期。探索期短视频发展的重要特征就是4G的商业应用。随着智能手机的普及和无线网络技术的成熟，短视频的拍摄与制作更加便捷，人们可以随时随地拍摄与制作短视频。无线网络技术为短视频的应用和发展提供了技术上的支持。

（3）发展期。2016年，短视频行业迎来了"爆炸式"的发展。随着资本的涌入，一大批优秀的短视频App都在这一时期上线，如抖音短视频、头条视频（现为西瓜视频）等。2016年9月，抖音上线，其最初是一个面向年轻人的音乐短视频社区，到了2017年，抖音进入迅速发展期；而2017年11月快手的日活跃用户数超过1亿。

（4）爆发期。2018年，短视频开始进入爆发期，也可以称为成熟期，短视频总播放量呈爆炸式增长。快手、抖音、美拍相继推出商业平台，短视频的产业链条逐步形成，用户数量大增的同时商业化也成为短视频平台追逐的目标。

（5）突破期。5G的发展及普及，将大幅度提高移动通信的速度，有利于更多的内容生产者进行创作，加快短视频的传播速度，同时也将支撑AR、VR和AI（Artificial Intelligence，人工智能）等技术的应用和发展。

1.2　常见的短视频内容类型

在创作短视频之前，首先要熟悉短视频的内容类型。短视频从内容上可以分为人物写真类、娱乐搞笑类、旅拍 Vlog（Video Blog，视频日志）类、美食分享类、时尚美妆类、实用技能类和广告宣传类等。

微课1-2

1.2.1　人物写真类

人物写真类短视频主要是指以人为主要内容进行拍摄的短视频。这类短视频内容会使人物呈现出真实或多面的形象。人物写真类短视频在传播时往往具有美观性和可看性，容易让用户产生代入感。

相比图片，短视频能更全面、完整地记录下当时想记录的某个瞬间。人们以前会化上精致的妆容、穿上漂亮的衣服拍写真；现在精致装扮后，可以拍个短视频来记录自己当下最美的样子，最重要的是还可以进行剧情化的拍摄。人物写真类短视频案例如图 1-4 和图 1-5 所示。

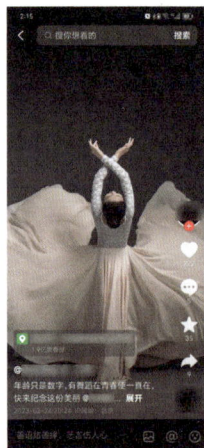

图1-4　　　　　　图1-5

1.2.2　娱乐搞笑类

娱乐搞笑类短视频一直是短视频领域的香饽饽，更容易获得用户的关注。很多人看短视频的目的是娱乐消遣、缓解压力、舒缓心情，因此娱乐搞笑类短视频在短视频中占有很大的比重。娱乐搞笑类短视频案例如图 1-6 和图 1-7 所示。

图1-6　　　　　　图1-7

1.2.3　旅拍Vlog类

旅拍 Vlog 类短视频是以旅行中的见闻等为主，记录旅行中的沿途趣事及感受的短视频。这类短视频不仅能展现沿途美景，还能表达创作者的心情。其细分类型有很多，包括风景、美食、酒店等。旅拍 Vlog 类短视频满足了受众娱乐、悠闲、出游等需求，深受文艺青年喜爱并被广泛传播。旅拍 Vlog 类短视频案例如图 1-8 和图 1-9 所示。

图1-8 　　　　　图1-9

1.2.4　美食分享类

美食分享类短视频的内容以制作美食、美食展示和试吃美食为主。美食承载着人们的情感，在日常生活中占据着非常重要的位置。优质的美食分享类短视频不仅向用户展示美食的制作方法，还传递着创作者对生活的态度、热情。无论是爱好美食的用户，还是准备学习制作美食的厨房新手，都会被美食分享类短视频吸引。美食分享类短视频案例如图 1-10 和图 1-11 所示。

图1-10 　　　　　图1-11

1.2.5　时尚美妆类

时尚美妆类短视频主要面向追求和向往美丽、时尚、潮流的女性群体。许多女性选择观看短视频是为了从中学习一些化妆技巧，以跟上时代的潮流。现在各大短视频平台上涌现出大量的时尚美妆博主，其通过发布自己的化妆短视频，逐渐积累粉丝，吸引美妆品牌商与其进行合作。与美妆博主合作已经成为时尚美妆行业营销的重要方式之一。时尚美妆类短视频案例如图 1-12 和图 1-13 所示。

图1-12　　　　　图1-13

1.2.6　实用技能类

实用技能类短视频主要涉及生活小技巧、专业知识、学习经验等诸多方面，具有很强的实用性。在短短几分钟内就可以学到一个生活小技巧是很多用户喜闻乐见的，因此实用技能类短视频在各个短视频平台都非常受欢迎。实用技能类短视频不同于其他类型的短视频，既要讲究方法的实用性，又要追求制作的趣味性，以吸引用户关注，让用户在获得技能的同时还能体会到生活中的乐趣。实用技能类短视频案例如图 1-14 和图 1-15 所示。

图1-14 　　　　　　　图1-15

1.2.7　广告宣传类

广告宣传类短视频即对相关产品进行营销的短视频，这类短视频制作精美、时长较短，能最大限度地降低成本，提升用户之间的交互体验，提高产品的宣传质量。广告宣传类短视频已在淘宝、京东等电子商务平台中普遍应用。

比起图文，短视频内容更具立体性，集声音、动作、表情等于一体，可以让用户更真切地感受到情绪，进而引发共鸣。企业宣传时，使用短视频作为与用户交流的语言将更容易被用户接受，实现品效合一的传播效果。广告宣传类短视频案例如图 1-16 和图 1-17 所示。

图1-16 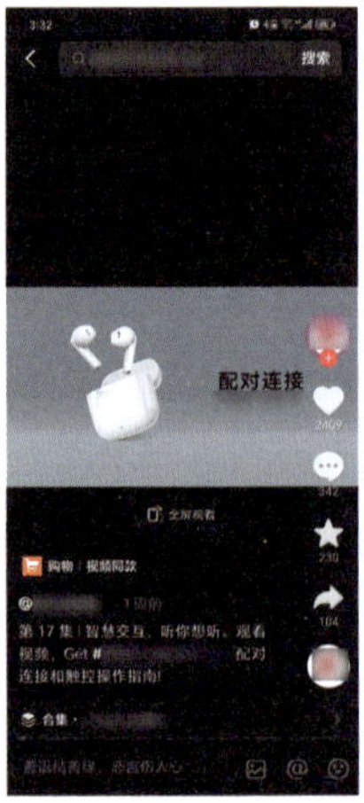　　　　　　　图1-17

素养课堂　　　　　　　　　**短视频行业人员素养**

短视频作为一种新兴媒体形式，已经逐渐为人们所接受。如果想要从事短视频领域的相关工作，就需要做好职业规划。

在短视频领域，创意和技巧是非常重要的。因此，从业者需要不断学习和提高自己的技能水平，如学习拍摄技巧、视频剪辑、音乐制作等方面的知识；同时，需要注重培养自己的个人特色和风格，打造出独具一格的作品，吸引更多的观众关注和喜爱。另外，作为一名短视频从业者，同样需要具备社会责任感和使命感。短视频作为一种新兴的文化形式，具有很强的传播力和社会影响力，因此从业者需要注意自己的言行举止，遵守社会公德和道德规范，不发布低俗、暴力违法等内容。

1.3　优质短视频的创作要素

　　现在短视频创作者越来越多，要想创作出优质的短视频作品，要掌握5 个创作要素，分别是吸睛的标题、清晰的画质、掌控声画关系、提供价值趣味和多维度雕琢，下面分别介绍。

微课1-3

1.3.1　吸睛的标题

　　标题是影响短视频浏览量的重要因素之一。首先，从运营机制来说，短视频平台主要通过机器算法对短视频内容进行推荐分发，而机器会从标题中提取分类关键词来进行推荐，随后短视频的播放量、评论数、用户观看时间等将决定短视频是否能够继续得到推荐。因此，标题是短视频能否得到平台推荐的重要影响因素之一。

　　其次，从用户方面来讲，短视频标题是吸引用户、帮助用户快速了解短视频内容的重要途径。在观看短视频前，标题是用户最先查看的，也是给用户留下最深印象的。因此，标题是否具有创意、吸睛是短视频播放率的重要影响因素。

> **小贴士**
>
> 　　我们要重视标题，但绝不能做"标题党"。除了有吸引力和创意之外，标题还应该反映内容的核心价值，从而提高其可信度，降低观看门槛。短视频创作者应思考标题与内容的相关程度。
>
> 　　例如，"夏天必吃的3种美食！教你轻松吃！"这一标题的关键词是"夏天必吃的3种美食"，用户的心理预期一定是"美食"，如果点进去之后发现内容是技能，就会有一定的心理落差，这样用户的跳出率就会比较高，对后续的推荐十分不利。

1.3.2　清晰的画质

　　短视频的画质决定了短视频带给用户的体验。

　　很多短视频播放量不高，和本身的画质有很大的关系。如果短视频拍摄得不清晰，画质不够好，就会给用户留下不好的印象，即使内容再好，也很容易被用户忽略。现在很多受欢迎的短视频画质都非常清晰，能够给用户带来视觉上的享受，从而获得更多用户关注。

　　当然，画质也受很多因素的影响。第一是拍摄硬件，拍摄硬件选得好才能拍出高质量的视频素材；第二是视频制作软件，现在很多视频制作软件的功能都比较多，能助力用户剪辑出高质量的视频作品；第三是播放设备，播放设备不同，对视频画质和视频尺寸的要求也不同，适合显示屏幕大小的视频才能展示出清晰的画质。

1.3.3　掌控声画关系

短视频本身就是一种视听的表达方式，配乐是"听"元素的重要组成部分，它能够更好地传递画面内容，决定短视频的风格、情绪和基调，帮助用户快速进入短视频营造的情境。

创作者在为短视频配乐时需要注意以下几点。

（1）挑选和短视频内容相符的音乐类型，如搞笑类的短视频不宜配抒情的音乐，伤感类的短视频不宜配欢快的音乐等。

（2）准确把握配乐的节奏感，使配乐尽量与短视频的内容节奏相符，这样会使音乐和画面看起来很协调，不仅能带动用户的情绪，而且能给用户留下深刻的印象。

（3）使用热门音乐，热门音乐的传播速度快，用户接受度高。使用热门音乐不仅可以吸引用户，还可以给短视频加分。

1.3.4　提供价值趣味

所谓"价值趣味"，就是给观看短视频的人提供某种价值、趣味或情感。在这个"内容为王"的时代，优质的内容才是短视频的核心竞争力。

一个短视频作品可能让人看完觉得很无聊，也可能让人产生强烈的情感共鸣，或者能让人深受启发，获取有价值的内容。我们知道搞笑类的短视频一般都比较受欢迎，这是因为其具有较强的趣味性，能够为用户带来快乐，吸引用户观看。因此，创作者在制作短视频时，要为用户提供价值、增加趣味。

1.3.5　多维度雕琢

优质的短视频必定经过创作者全方面、多角度的精雕细琢，以体现出短视频的综合价值。

通常，一个优秀的短视频创作者或制作团队会在编剧、表演、拍摄、剪辑和后期加工等多个方面精细打磨，历经多次修改、打磨，让该短视频在各个方面都很突出和优秀，最终打造出优秀的短视频作品。

总之，一个短视频若具备吸睛的标题、清晰的画质、掌控声画关系、提供价值趣味和多维度雕琢这 5 个元素，一般会成为优质的短视频。

1.4　短视频创作和发布的流程

要制作一个短视频作品，从前期准备到后期发布，需要经历一个怎样的流程呢？下面简单介绍一下。

微课1-4

1.4.1　前期准备

要想拍出高质量的专业短视频，在拍摄前需要做好准备工作。

首先，要了解短视频的基础知识，掌握优质短视频的创作要素，熟悉短视频创作和发布的流程。

其次，要了解短视频拍摄的基础知识，掌握拍摄参数的设置方法，以及拍摄的方法和技巧，如景别、拍摄角度、光线运用、画面构图、运镜技法、镜头组接和转场技巧等。

短视频领域的竞争越来越激烈，要想脱颖而出，其制作要更专业化。因此，我们需要组建一个优秀的短视频运营团队。一个专业的短视频运营团队的人员构成包括：编剧 / 策划、导演、演员、摄像师、剪辑师、运营人员（如果人员配备不足，还可以一人身兼数职）。

1.4.2　策划与拍摄

前期准备工作完成后，接下来便正式进入短视频策划与拍摄流程。

拍摄前需要做好短视频的策划工作。为了更好地诠释内容、表达主题，需要进行周密的策划工作。短视频的策划主要包括做好定位（明确短视频的目标用户群体）、确定选题（选择适合目标用户的短视频选题）、创作内容及设计脚本（编写吸引眼球的短视频文案和脚本，清晰地展现短视频所要传达的内容，即明确想向目标用户传递什么信息）。

工欲善其事，必先利其器。要拍摄短视频，准备拍摄设备是必需的。可根据资金预算选择合适的拍摄设备。常见的短视频拍摄设备有手机、微单相机 / 单反相机、无人机，辅助设备有稳定器、遥控器、灯光设备、收声设备及其他拍摄道具等。

正式拍摄时，摄像师需要挑选出合适的拍摄设备，以便满足不同的拍摄需求，然后严格按照策划的脚本内容完成拍摄。

1.4.3　剪辑与发布

短视频拍摄完成之后，需要进行后期剪辑。剪辑师除了需要熟练使用剪辑软件（如剪映 App 等）之外，还需要掌握一些剪辑技巧，如在剪辑时要突出重点、不拖沓，背景音乐与画面相结合等。短视频时长虽短，但也有节奏感，剪辑时应注意把控画面节奏。

短视频在制作完成之后就要发布。在发布阶段，短视频创作者要做的工作主要包括发布渠道选择、渠道短视频数据监测和发布渠道优化等。只有做好这些工作，短视频才能在最短的时间内打入新媒体营销市场，吸引用户，提高创作者的知名度。

1.5 实战案例指导：安装剪映并熟悉基本功能

本章介绍了短视频的基本内容，为了便于进一步学习，用户需要下载和安装剪映，具体操作步骤如下。

（1）进入手机【应用市场】（苹果手机是【App Store】），在搜索框中输入"剪映"，点击【搜索】按钮。在搜索结果中找到剪映，点击其右侧的【安装】按钮，如图 1-18 所示。

（2）安装完成后，在手机主界面中点击【剪映】图标，进入剪映。界面将自动弹出"个人信息保护指引"对话框，点击【同意】按钮，如图 1-19 所示。

（3）进入剪映主界面，点击菜单区按钮可进入剪同款等界面，如图 1-20 所示。

（4）点击【我的】按钮，打开登录界面，可使用抖音账号直接登录，如图 1-21 所示。

图1-18　　　　　图1-19　　　　　图1-20　　　　　图1-21

实训1：短视频内容类型分析

【实训目标】

短视频具有多种风格。不同风格的短视频，其内容类型也是不同的。本次实训我们来分析短视频的内容类型。

【实训思路】

（1）打开抖音，搜索并观看不同类型的短视频，如图 1-22、图 1-23、图 1-24、图 1-25 所示。

（2）分析各类短视频的内容类型。

（3）结合本章内容，分析各类短视频的特点。

| 图1-22 | 图1-23 | 图1-24 | 图1-25 |

实训2：尝试创作并发布一个短视频作品

【实训目标】

以安卓手机为例，使用手机自带相机拍摄一段视频，制作完成后将其发布到抖音中。

【实训思路】

（1）打开手机相机，拍摄一段视频。然后进入抖音，点击界面下方的【＋】按钮，进入短视频创作界面，点击右下角的【相册】按钮，如图1-26所示，选择录制好的视频。

（2）进入视频编辑界面，点击上方的【选择音乐】按钮，如图1-27所示。选择一首合适的音乐，如图1-28所示，完成后点击【下一步】按钮。

（3）进入发布界面，设置好标题、话题等内容，点击【发布】按钮即可，如图1-29所示。

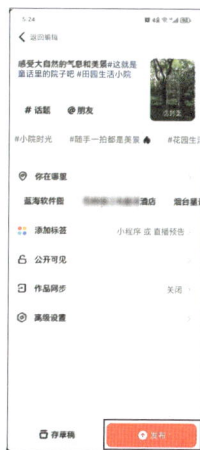

| 图1-26 | 图1-27 | 图1-28 | 图1-29 |

思考与练习

一、选择题

1. （多选）以下属于短视频特点的有（　　　）。

　　A. 时长短　　　　B. 传播快　　　C. 形式多样　　　D. 观点鲜明

2. （单选）（　　）短视频是以旅行中的见闻等为主，记录旅行中的沿途趣事及感受的短视频。

　　A. 旅拍 Vlog 类　　B. 人物写真类　　C. 时尚美妆类　　D. 实用技能类

3. （多选）以下属于优质短视频的创作要素的有（　　　）。

　　A. 吸睛的标题　　B. 清晰的画质　　C. 掌控声画关系 D. 提供价值趣味

二、填空题

1. 短视频是一种继（　　　）、（　　　）、（　　　）之后新兴的互联网内容传播形式。

2. 目前，短视频与长视频正呈现出一种相互汲取、相互竞争的状态，即短视频（　　　）、长视频（　　　）的新状态。

3. 从运营机制来说，短视频平台主要通过机器算法对短视频内容进行推荐分发，而机器会从（　　　）中提取分类关键词来进行推荐。

三、判断题

1. 短视频行业本质上是内容驱动型行业，优质的内容是短视频平台制胜的关键。
（　　　）

2. 目前短视频行业正处于发展期，短视频的产业链条逐步形成。（　　　）

四、简答题

1. 简述创作者在为短视频配乐时需要注意的问题。
2. 简述短视频策划与拍摄的流程。
3. 简述你对短视频为用户提供价值趣味的理解。

五、实操题

1. 任选一个短视频 App，观看不同账号的旅拍 Vlog 类短视频，分析其有何共同点。
2. 使用抖音拍摄一段视频，简单编辑后进行发布。

第 2 章

短视频策划

学习目标

1. 熟悉短视频定位的内容
2. 掌握短视频选题的内容
3. 掌握短视频内容创作的方法
4. 掌握短视频脚本策划的方法

素养目标

1. 培养学生创造性分析的能力
2. 提高学生解决实际问题的能力

引导案例

有一个短视频的文案是这样的。

儿子：妈，你说天上的神仙都叫啥"仙"，为啥龙王不叫啥"仙"呢？

母亲：不好听。

儿子：咋不好听呢？

母亲：海仙（鲜）……

儿子：就是，如果叫这名，它就不能在水里待着了……

母亲最后告诉儿子：不要盲目跟风，适合自己的才是最好的（字幕）。

这样一段母子之间的调皮对话，点赞数达8万多，在抖音上的热度较高。整个短视频只有母亲一个人的镜头，且贯穿始终，出彩的地方就是短视频的文案，通过母子间的对话，揭示出一个育儿道理。

思考题：

1. 结合案例内容，分析该短视频热度高的原因。
2. 你认为短视频策划重要吗？理由是什么？

2.1 短视频的定位

短视频定位是短视频创作的第一步，它决定了短视频账号的发展方向。短视频的定位包括内容定位和用户定位两个方面，下面从认识短视频定位开始介绍。

2.1.1 什么是短视频定位

短视频定位，就是找到适合自己的风格，以及自己擅长的领域，使自己的形象更鲜明、更个性化，这有助于短视频在用户心目中占据与众不同的位置，给用户留下不可磨灭的独特印象，让用户能够对短视频进行区分，并对短视频有清晰的认知，从而提高短视频的市场竞争力。

微课2-1

短视频创作者只有找准自己的定位，才能做出"爆款"，让自己的账号更有辨识度。例如，看到搞笑类短视频大家就会想到"某某酱"，看到美食生活类短视频大家就会想到"李某柒"。定位越清晰，就能找到越精准的粉丝，后期变现就越简单、明确。

在进行短视频定位时，需要从两个方面进行考虑：一方面是内容定位，即确定短视频要讲什么内容；另一方面是用户定位，即确定短视频要给谁看。明确了以上两点就可以实现短视频的精准定位。图2-1所示为某美妆博主的短视频定位分析。

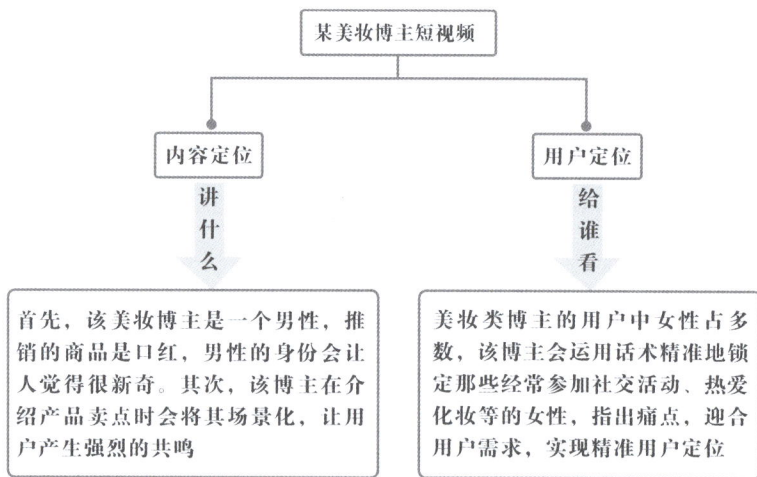

某美妆博主短视频

内容定位　　　　　　　　　　　用户定位

讲什么　　　　　　　　　　　给谁看

首先，该美妆博主是一个男性，推销的商品是口红，男性的身份会让人觉得很新奇。其次，该博主在介绍产品卖点时会将其场景化，让用户产生强烈的共鸣

美妆类博主的用户中女性占多数，该博主会运用话术精准地锁定那些经常参加社交活动、热爱化妆等的女性，指出痛点，迎合用户需求，实现精准用户定位

图2-1

2.1.2 做好内容定位

短视频的内容类型多种多样，要想让自己的短视频在海量的短视频中脱颖而出，创作者最好从自己擅长的领域出发，确定好内容的方向，融入

微课2-2

个人特色与创意，从而形成强大的竞争力。

1. 确定内容的方向

要想获得用户关注，拥有大量粉丝，创作者必须对自身进行客观的分析，找到自己的优势，从而做好内容方向的定位。下面介绍如何发掘出自身的优势和特长。

（1）自己做得好的事情。创作者可以好好审视自己，分析自己过去所做过的优秀的或被人称赞的事情。例如，我的嗓音不错，唱歌很好听；我很有幽默感，一说话就容易把人逗笑；我的手工不错，制作的艺术品栩栩如生；我的厨艺很好，很多人夸赞我做的食物色香味俱全（见图2-2）；等等。以上这些做得好的事情或被人称赞过的事情都是自己的特长，创作者在进行短视频的内容方向定位时，就可以从这些方面入手。

（2）自己感兴趣且专注的事情。有的人回顾自身经历，可能会觉得自己没有什么特长，这时不要放弃，可以回想一下自己在生活中是否十分专注地做过某件事。当你真正喜欢或擅长做某件事时，就会全神贯注、废寝忘食，在这样的情况下，想要做好一件事绝不是难事。例如，做编织、拼装等，如图2-3所示。

（3）自身经验的积累。一个人的成功经历或经验是非常宝贵的财富，比起那些没有此经验的人，这些经验也就是自己的优势和特长。例如，历经坎坷，创业成功的人；减肥成功，对健身或健康饮食有经验的人；对育儿有丰富经验的人（见图2-4）；等等。在进行短视频的内容方向定位时，就可以把自己的经验整理出来，与用户分享。

图2-2

图2-3

图2-4

2. 确定内容的人设

创作者发布的短视频能够在海量的短视频中脱颖而出并被用户记住，很大程度上取决于短视频具有清晰、稳定的人设。以下是做好短视频内容的人设的方法。

（1）提升账号名称的辨识度。创作者首先要提升账号名称的辨识度，如通过拟人化的方式提升。当用户想到某个账号时，就像是想到某个人，而不是一个冷冰冰的账号，这时账号主体的存在感也会更强。如果账号的人设和内容非常贴合，账号名称的辨识度就会大大提升。例如，一个美食类短视频创作者的账号名称为"某某饿了"，用户通过名称就可以加深对该账号的理解与认识——饿了一定要吃东西，那么该账号的内容一定和吃有关。

（2）做好短视频的开场。一个精彩的短视频开场可以让用户对接下来的内容充满期待。创作者可以在短视频的开头以自我介绍的形式自然过渡到后面的内容，也可以配上独特的口吻、音乐与画面等，让用户对短视频的开场印象深刻，从而使账号更具辨识度。例如，记录农村精彩生活的"张××"，该短视频账号的背景音乐一响起，就能让人联想到一名性格粗犷的农村青年，他的生活虽然简朴，但他仍充满对生命和生活的热情，让人在平凡的生活中看到希望的力量。

（3）内容风格和人设保持统一。短视频的整体内容风格和人设一定要保持统一，这样可以让用户对短视频账号有更加稳定的认知。如果短视频的内容风格总是变来变去，就很容易让用户产生疑惑。例如，做美食类的短视频，首先要确定短视频的内容方向和制作风格，如专注于做有创意的美食便是确定内容。这样做的好处是，短视频的内容是固定且垂直的，受短视频吸引并关注短视频账号的粉丝的定位就会非常精准——往往是热衷于美食的群体。其次要确定人设，人设一定要是用户感兴趣的，或有相关经验或阅历，否则强行给自己加戏，一定会让别人感觉很尴尬。例如，美食博主"麻辣××"，其人设是除了做菜专业，平时也爱给自己的媳妇做饭，所以他的这个美食短视频账号要比同类型账号关注度高。最后根据短视频的风格定位，结合人设的特点产出相关的短视频作品。

📋 **小贴士**

美妆类短视频如何进行风格定位？

美妆类短视频创作者首先要确定短视频的内容方向和制作风格，如是美妆测评、护肤技巧还是化妆教学等，接着可以给自己的内容打造一个标签（即短视频IP定位）。如果是美妆测评类短视频，标签可以是爱美妆、爱尝试及各类美妆品牌对比等；如果是护肤技巧类短视频，标签可以是日常护理、保湿补水等；如果是化妆教学类短视频，标签可以是化妆、彩妆等。最后，根据短视频的风格定位、标签，并结合人设的特点产出相关的短视频作品。

2.1.3　勾画用户画像

　　用户是短视频内容策划和制作的基础，因此进行短视频内容策划时需要了解用户群体，对用户进行画像并分析。用户画像就是根据用户特征、业务场景和用户行为等信息构建的一个标签化的用户模型。

微课2-3

　　不同的短视频账号针对的目标用户不同，因此需要勾画用户画像。通过勾画用户画像，创作者可以更好地了解用户偏好，挖掘用户需求，从而锁定用户群体，实现精准定位。勾画用户画像的步骤如下。

1. 用户信息数据分类

　　创作者勾画用户画像的第一步就是对用户信息数据进行分类。用户信息数据分为静态信息数据和动态信息数据两大类。其中，静态信息数据是构成用户画像的基本框架，展示的是用户的基本属性，创作者只用选择符合自身需求的数据即可。动态信息数据指的是用户的网络数据，在选择这类数据时，要注意数据应符合短视频的内容定位。具体来说，用户信息数据的主要分类如图2-5所示。

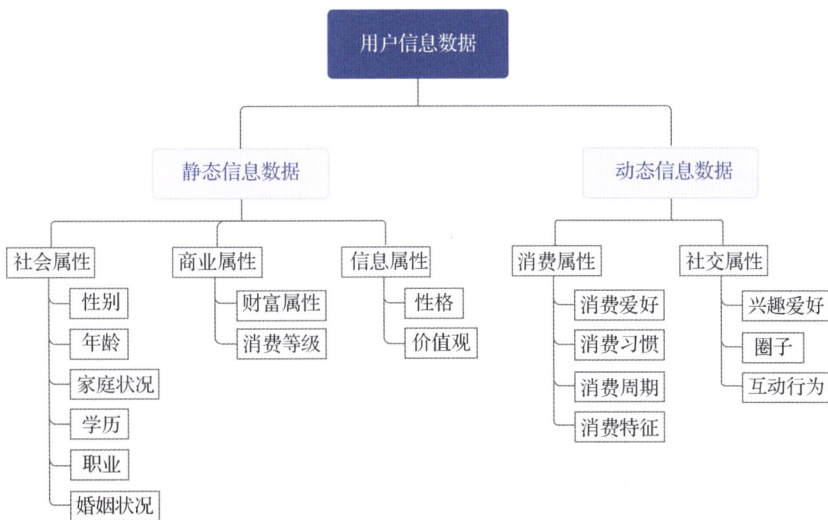

图2-5

2. 确定场景

　　了解了用户信息数据，创作者还不能形成对用户的全面了解。在勾画用户画像时，创作者需要将用户信息融入一定的使用场景中，从而更加具体地体会用户感受。想要确定用户的使用场景，可以采用经典的"5W1H"法，如表2-1所示。

表2-1　"5W1H"法的要素及含义

要素	含义
Who	短视频的用户
When	观看短视频的时间
Where	观看短视频的地点
What	观看什么样的短视频
Why	网络行为（如关注、点赞、分享等）背后的动机
How	将用户的动态和静态信息数据相结合，洞察用户具体的使用场景

3．获取信息

创作者要想获取用户信息，需要统计和分析大量样本，再加上用户基本信息的重合度较高，为了节省时间和精力，可以通过相关服务网站获取用户的信息数据，如灰豚数据。

灰豚数据是一个大数据平台，其为创作者提供了全方位的数据查询、用户画像和视频检测服务，从而为创作者的内容创作和用户运营提供数据支持。图2-6所示为在灰豚数据抖音版中查看某个美食类短视频账号粉丝分析的详情页。在这里可以查看该短视频账号的粉丝列表画像，如性别分布、年龄分布、省份分布、粉丝活跃时间分布等。

图2-6

创作者可以选取几个与自己账号所属领域相同的账号，统计数据后进行数据归类，基本上就可以确定自己账号所属领域用户的信息数据了。

4．形成用户画像

整合搜集到的用户信息，可以形成短视频账号的用户画像。下面以抖音美食类短视频账号的用户画像为例进行讲解。

① 性别：女性用户占 80% 以上，男性用户占比低。

② 年龄：18 ～ 23 岁用户占 28% 左右，24 ～ 30 岁用户占 33% 左右，31 ～ 40 岁用户占 32% 左右，40 岁以上用户占 7% 左右。

③ 地域：河南、山东、广东的用户占比较高。

④ 主要活跃时间：18:00、19:00、22:00。

⑤ 感兴趣的美食话题：被推荐到首页的各种美食内容。

⑥ 关注账号的条件：画面精美，产品适合自己的需求，账号持续推出优质内容。

⑦ 点赞的条件：内容有价值，超出用户的期待值。

⑧ 评论的条件：内容有争议，能够引发用户共鸣。

⑨ 取消关注的原因：内容质量下滑，不符合用户预期，更新太慢。

⑩ 用户的其他特征：喜欢美妆、探店、旅游等，喜欢家居生活分享类视频。

2.2　短视频的选题

要想做好短视频，在做好短视频定位的基础上，策划短视频选题尤为重要。选题会影响短视频的打开率和观看率。确定目标用户后，围绕目标用户关注的话题，找对方向，有针对性地实现精准信息的传达和转化，将更容易创作出精品。

2.2.1　短视频选题策划的5个维度

很多创作者在创作短视频的初期不知从何入手，没有选题思路。这种情况下，可以从"人、具、粮、法、环"5个维度来拓展思路，即人物、工具和设备、精神食粮、方式方法、环境。各个维度及具体说明如表 2-2 所示。

微课2-4

表2-2　短视频选题策划的5个维度及具体说明

维度	具体说明
人	指人物，即拍摄的主角是谁、是什么身份、有什么基本属性、属于什么社会群体等。可以根据年龄、身份、场景、职业和兴趣爱好等划分，从而根据人物属性来确定合适的主题
具	指工具和设备，即根据拍摄主体（人物）的属性来选择需要的工具和设备。如果拍摄主体为一名大学生，则需要用到书包、课本等；如果拍摄主体是职场人士，则需要笔记本、计算机等，这些都是需要的工具和设备
粮	指精神食粮，如图书、电影、电视剧、展览、音乐等。将这些分析透彻之后才能了解目标用户的需求，从而有针对性地制作出符合用户需求的短视频

续表

维度	具体说明
法	指方式方法，如"宝妈"育儿方法、职场技能方法、健身瘦身方法、旅游攻略等。如果目标用户是大学生，则应呈现学习的方法，跟老师、同学交流的方法等
环	指环境，短视频的剧情内容不同，需要的环境也不同。要根据剧情选择能够满足拍摄要求的环境，包括拍摄时间（白天或夜晚）和拍摄地点（学校、办公室、餐厅、景区等）

只要围绕以上 5 个维度进行梳理，就可以做出二级、三级，甚至更多层级的选题树，层级越多，思路越丰富。图 2-7 是以家庭日常 Vlog 为例做出的选题树，短视频创作者根据该选题树就可以制作出各种各样的选题。

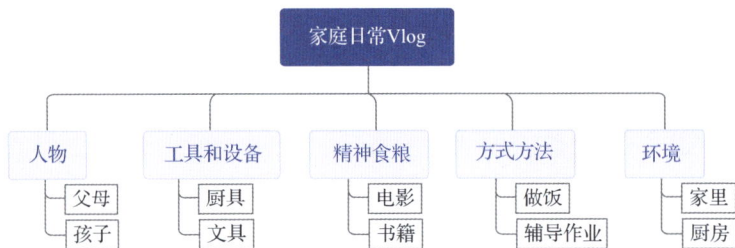

图2-7

📧 **小贴士**

需要注意的是，制作并拓展选题树并不是一朝一夕的事情，需要日积月累，这样根据选题树制作出来的选题内容才会越来越多。有了足够多的选题，当遇到重大或热点事件时，短视频创作者就可以快速而有效地制作出相应的短视频作品。

2.2.2 短视频选题的基本原则

不管短视频的选题是什么，都要遵循一定的基本原则，并将其落实到短视频创作中。下面介绍短视频选题的基本原则。

微课2-5

1. 坚持用户导向

短视频的选题内容要以用户需求为前提，不能脱离用户。想要作品播放量高，必须考虑用户的喜好和痛点，越是贴近用户需求的内容越能够得到他们的认可，从而获得较高的关注度和播放量。

2．保证内容垂直度

在确定选题或领域后，就不要轻易更换了。短视频创作者需要在所选领域中做到内容的垂直细分，增强在专业领域的影响力。选题内容如果摇摆不定，就会导致短视频内容垂直度不够，用户不精准。因此，一定要在所选领域长期输出优质内容，保证内容的垂直度。

3．注重价值输出

短视频的选题内容一定要有价值，要向用户输出干货，使用户在看了短视频之后有所收获。选题要有创意，从而激发用户产生点赞、评论、转发和收藏等行为，让用户主动分享，扩散传播，从而达到裂变传播的效果。

4．紧跟行业或网络热点

在选题内容上，要紧跟行业或网络热点，这样才能使短视频在短时间内得到大量的曝光，从而快速增加短视频的播放量，吸引用户关注，增加粉丝。因此，短视频创作者要提升敏感度，关注热门事件，善于捕捉热点、解释热点。但并非所有的热点都可以紧跟，如涉及时政、军事等领域的热点，如果紧跟不恰当的热点，会有违规甚至被封号的风险。

5．避免违规敏感词汇

当前，有关部门正在加强对短视频平台的管理，不断出台相关法律法规文件，而且每个短视频平台都对敏感词汇做出了相关规定。因此，短视频创作者要了解并遵守相关法律法规，不要为了博眼球而使用夸张或敏感词汇，以免出现违规情况。

6．选择互动性强的话题

在确定短视频选题时，可以结合热点事件，多选择一些互动性强的话题。例如，端午节时可以选择"大家喜欢吃什么馅的粽子""喜欢吃甜粽子还是咸粽子""不同地区的端午节习俗有什么差异"等话题。这样就可以引导用户评论，增加互动。创作者在短视频中也可以穿插一些"梗"，引起大家的讨论，吸引用户互动。

2.2.3　获取选题素材的途径

素材是指短视频创作者从日常生活中搜集到的、未经加工的、分散的原始材料。要想持续输出优质内容，保证短视频账号的正常运营，短视频创作者需要进行素材储备。只有拥有丰富的素材，加上自身的创作灵感，结合网络热点等，创作者才能快速创作出优质的短视频。

微课2-6

获取选题素材的途径有很多，这里主要介绍以下几种。

1．挖掘个人生活经历

艺术来源于生活，短视频创作者可以把个人生活当作选题，把身边的故事当作素材。例如，可以通过留意家人朋友的经历、突发事件和社会热点等丰富素材库；可以通过多体验生活，多交朋友，从别人口中获得素材；可以通过多出去旅游，了解不同地区的风土人情、生活百态等积累素材。

2．阅读文学作品

阅读文学作品是短视频创作者获得素材的重要途径，如图 2-8 所示。这就要求短视频创作者在日常生活中多阅读，提高文学素养，扩展自己的知识面，从而让自己的短视频作品更有深度。

图2-8

3．观看影视作品

短视频创作者可以通过观看影视剧，将经典影视剧的台词和桥段进行剪辑并加上自己的理解和看法，从而形成短视频内容的素材。这样不仅能够收集到素材，而且可以学习优秀影视剧讲故事的方法、剪辑的节奏和技巧。

4．分析同领域创作者的选题

对短视频创作者来说，学习是很有必要的。短视频创作者可以通过专业数据网站，获取同领域其他短视频创作者的账号数据。通过对同领域短视频创作者的优质内容进行筛选、分析、整合，提炼出内容要点并进行学习，从而获得灵感和思路，拓宽选题范围，构建自己的创作框架。

5．利用网络平台

短视频创作者可以从各大咨询网站和社交平台热门榜单中搜索热点，如百度热搜、微博热搜和抖音热榜等，如图 2-9 所示。热门互联网平台上的热榜信息都是当下火热的话题，利用这些素材做出来的短视频，也能获得不错的热度。

图2-9

2.2.4 切入选题的3种方法

用户通常有喜新厌旧的心理，即使短视频作品在开始的时候获得了大众的喜爱，时间一长，用户就会产生审美疲劳，失去观看的兴趣。

这时候短视频创作者就可以选择不同的切入点，让用户获得新鲜感。下面介绍3种切入选题的方法。

微课2-7

1. 借助重大活动

借助重大活动是切入选题的好方法。针对节日类活动选题，如中秋节、国庆节、春节等大众比较关心的节日话题，可以提前策划；冬奥会、世界杯等国际赛事，也是全民热议的话题，以此切入选题也很容易引起用户共鸣；此外，平台官方会不定期推出一系列话题活动，根据自身的情况参与平台话题活动，可以得到流量扶持和现金奖励。

2. 关注用户感受

在发布短视频后，浏览对应的评论及留言会获得一些灵感。创作者通过用户评论的内容就能够知道用户喜欢什么、更想看什么、对短视频中的哪个点比较感兴趣，这对接下来的短视频内容选择是比较有意义的。持续输出用户感兴趣的内容，在短视频的选题这条路上，就可以少走一些弯路。

3. 及时调整选题

万事开头难，创作者在刚开始创作短视频时，免不了会走一段曲折的路。一般来说，要先持续发布作品 10 天以上，并密切关注数据的变化，从而衡量短视频制作成本、播放量、账号粉丝量等情况，以此来评估和调整，把握账号的走向和市场情况，然后判断是按照既定的选题做下去，还是调整选题方向或者内容形式。

2.3 短视频内容创作

在"内容为王"的时代，优质的内容才能真正打动用户，获得用户的青睐。短视频创作者在进行内容创作时要从用户需求出发，用优质的内容来获得用户的信赖和喜爱。

2.3.1 内容的垂直细分

如今用户对短视频的质量要求越来越高，他们更愿意为专业化、垂直化的内容买单，那些流于表面的短视频不再受用户青睐，而具备垂直度、有深度的短视频才会给用户留下深刻印象。

微课2-8

什么是垂直内容呢？垂直内容指的是短视频内容和领域是一致的，并且账号一直输出的是同一种内容。如果账号今天输出的是搞笑的段子，明天输出的是美食内容，后天输出的是健身内容，那说明这并不是一个垂直类账号。一直输出一个领域的内容的账号才是垂直类账号，吸引的用户才会更精准。图 2-10 所示为垂直类账号。

图2-10

那么如何做垂直内容呢？下面来了解一下。

1. 确定目标用户

做垂直类短视频最常见的方法之一就是确定目标用户，短视频创作者要创作出可以直击目标用户痛点的内容，然后再通过输出符合目标用户特质的内容来增强目标用户的黏性。例如，美妆类短视频的目标用户是年轻、爱化妆的女性，健身类短视频的目标用户是需要减肥、健身的群体，游戏科技类短视频的目标用户是年轻男性。

2. 突出主题场景

短视频创作者可以根据主题场景进行纵向挖掘，在内容表达上突出场景化。例如，街访类短视频将场景聚焦在街道上，健身类短视频将场景聚焦在健身房、体育馆等，美食类短视频将场景聚焦在厨房、餐厅等。

3. 打造生活方式

要想增强用户的黏性，除了要确定目标用户和突出主题场景之外，短视频创作者还要为用户打造一种理想的、让用户愿意追随的生活方式。例如，某短视频创作者的短视频有种让人置身于古代田园生活的感觉，在快节奏的生活中，该短视频满足了人们追求传统、回归自然的精神需求。

2.3.2 内容创作的原则

当前，用户对短视频的质量要求越来越高，短视频创作者要想让自己的短视频在众多短视频中脱颖而出，便需要在短视频的内容上下功夫，创作出符合用户需求的内容。通常，创作者在进行内容创作时需遵循以下原则。

微课2-9

1. 传递愉悦感受

在各大短视频平台上，通常是轻松娱乐类的短视频占据榜首，这主要是因为，随着生活节奏的加快，人们的压力也越来越大，绝大多数用户观看短视频是为了放松心情、缓解压力，所以保持内容的娱乐性、向用户传递愉悦感受成为进行短视频内容创作需要遵循的原则之一。

2. 提供知识

短视频行业涌现出越来越多分享知识、传播知识的内容创作者，他们是拥有知识、熟谙技巧的科普达人，他们分享的内容满足了用户对知识的需求。如果短视频可以帮助用户答疑解惑、解决难题，那么这种短视频就一定会得到用户的喜爱和关注。

3．激发积极情感

激发用户的积极情感也是短视频内容创作需要遵循的重要原则之一。优质的短视频一般具有感人、搞笑、励志、震撼、治愈或解压等因素，这些因素是用户内心想法的反映和情感的体现，可以激发用户的积极情感。因此，创作者在创作短视频时，不仅要注重提升短视频的画面质量和情节感染力，还要思考如何让内容更贴合用户的心理需求，激发其情感共鸣。

2.3.3　优质内容的策划方法

短视频创作者获取用户和保持用户活跃度的核心策略是持续输出优质内容。要想持续输出优质内容，就需要找到正确的策划方法。下面主要介绍3种策划方法，分别是借鉴法、模仿法和扩展法。

微课2-10

1．借鉴法

很多短视频创作者在创作初期可能并不具备自主创作内容的能力，那么他们该如何创作短视频呢？最简单的方法就是使用借鉴法。所谓借鉴法，就是将自己认为不错的内容借鉴过来进行二次创作，然后发布到自己的短视频账号上。内容借鉴的途径有很多，下面介绍3种途径。

（1）从社交媒体上借鉴。各大社交媒体（如微信公众号、微博等）都是内容创作与分享的平台，很多优秀的内容创作者会通过社交媒体来分享自己的知识或见解。短视频创作者要善于发现这些有创意的、精彩的内容，将其应用到自己的作品中。

（2）从影视作品中借鉴。很多影视作品中的桥段都很经典，让人回味无穷，甚至发人深省。短视频创作者可以合理利用这些影视作品中或搞笑或感人或有哲理的桥段，只要能引发共鸣，就会得到用户的喜爱。

（3）从名人身上借鉴。名人身上自带流量，其一言一行都可能成为网络热点。短视频创作者可以多关注名人信息，借助名人效应，创作出吸引人的"爆款"作品。

> **小贴士**
>
> 注意，借鉴法的关键是创新加工。短视频创作者要明白，借鉴不是搬运和照抄，而是要讲究技巧，要对借鉴的内容进行创新加工，使其创意或形式真正为自己所用。

2．模仿法

模仿是创新的基础，短视频创作者在完全形成自己的风格前，学会模仿是非常重要的途径。模仿可以帮助创作者快速找到内容创意的方向，甚至创作出比原短视频更具创意的短视频。

（1）随机模仿。创作者在进行模仿时，可能不知从何下手，这时就可以采用随机模仿法。随机模仿是指创作者发现什么短视频比较火爆，就参考该短视频制作同类型的短视频。

（2）系统模仿。系统模仿是指创作者寻找一个与自己短视频账号定位类似的账号，对其进行长期的定位跟踪与模仿。创作者要先分析该账号中短视频的选题、运营策略等，然后将其应用到自己的短视频创作中，进行模仿制作。在制作中创作者可以融入一些新的创意，从而形成自己的风格，这一点是非常重要的。

3. 扩展法

扩展法是指运用发散思维，由一个中心点向外扩散、不断延展内容的方法。通常将扩展法分为人物关系、生活场景和情景事件3个层次，具体介绍如下。

（1）人物关系扩展。扩展法的第一步就是进行人物关系扩展。例如，"30多岁的女性"这个人物形象，想要拍摄与其相关的短视频，就需要对其进行人物关系扩展，列出与之相关的人物关系。其人物关系扩展如图2-11所示。

（2）生活场景扩展。在罗列出人物扩展关系后，下一步就需要围绕人物关系进行生活场景扩展。以"30多岁的女性与她的孩子"这组关系为例，其生活场景扩展如图2-12所示。

（3）情景事件扩展。有了人物和场景以后，还要构思情景事件；进行情景事件扩展。选取"30多岁的女性与她的孩子"这组关系，选择"做游戏"这个场景，可以扩展出若干个事件，如角色扮演游戏、桌面游戏、益智游戏等。有了具体的事件之后，就可以编写对话和动作，以情景短剧的形式进行演绎。

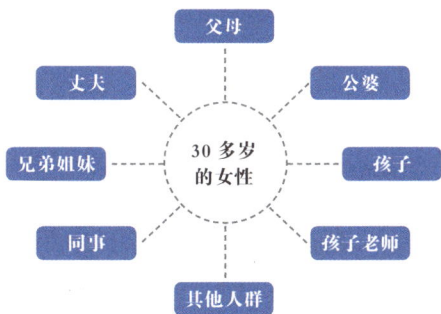

图2-11

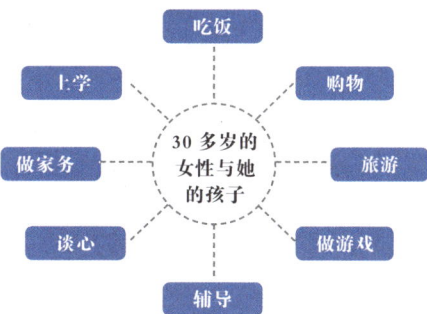

图2-12

2.3.4　短视频封面的设计

短视频的封面常常被忽视，其实它对流量的吸引是非常重要的。封面会给用户留下第一印象，特别是个人主页里的封面。一个好的封面，往往能让用户了解短视频的亮点，从而吸引用户点击观看，进而增加播放量。

微课2-11

1. 制作个性封面

在短视频创作领域内，创作者只有具备自己独特的风格，才能吸引用户关注，而短视频的封面是最显而易见的可以体现个性风格的地方。制作个性封面可以从以下几个方面入手。

（1）短视频内容截图。直接以从短视频中截取的画面作为封面，如图 2-13 所示，是很多短视频创作者使用的方法，这样不仅使封面和内容相关，而且操作方便、快捷。若账号为个人 IP，可以直接从短视频中截取人物形象作为封面。为了让用户直观地区分每个短视频，还可以在封面中添加文字，展现每个短视频的关键点，如图 2-14 所示。

（2）使用固定、统一的模板。创作者可以结合短视频的内容定位，设计一套固定、统一的模板封面，加上标志性元素。这样设计封面会使短视频的风格统一，而且固定的 IP 形象会使用户形成记忆，时间一长就会给用户留下深刻的印象。需要注意的是，如果同一账号内有不同系列的内容，可以不用让所有短视频的风格统一，做到系列短视频风格统一即可，如图 2-15 所示。

（3）给短视频封面添加流量元素。结合短视频内容，创作者可以在封面中添加一些流量元素，如添加表情包、流行语等，使短视频封面充满趣味性，如图 2-16 所示。但是，这些流行元素也不要过度使用，否则会造成用户审美疲劳。

图2-13　　　　　　图2-14　　　　　　图2-15　　　　　　图2-16

2. 优化封面的注意事项

（1）封面要与短视频内容相关。创作者在为短视频设置封面时，一定要让封面与短视频的内容保持一致，将短视频中的亮点展示出来，让用户了解短视频的内容，并吸引其观看。用户点击观看短视频后，发现封面与短视频内容不相关，可能会产生厌恶心理，不但不会关注账号，甚至可能会举报。

（2）封面的原创性要高。各大短视频平台都在支持原创作品，封面作为短视频作品的一部分，也应具有原创性。因此在制作短视频封面的时候，创作者要保持原创，形成自己独特的风格。这样更容易得到用户的喜爱，吸引用户的关注。

（3）封面图片要清晰。封面图片可以说是短视频的门面，清晰、完整是其第一属性，切忌模糊不清，否则会严重影响用户的观看感受。封面图片的比例也要合理，切忌拉伸变形。另外，还可以通过调整图片的清晰度、亮度和饱和度等要素，有效提升用户的观看体验。

（4）封面构图要严谨。封面构图要层次分明、重点突出，将封面的主体放于焦点位置，以便用户能够迅速抓住重点。并且，严谨的构图也有助于提升封面的美感。

（5）封面文字要选对。如果封面有文字，要把文字放在最佳展示区域，不要使文字被标题、播放按钮等元素挡住。字数要尽量少一些，否则会影响封面美感，也会增加用户的阅读时间，影响观看体验。在不影响美观的情况下，字号可以尽量大些，这样文字更有冲击力。

对于不同类型的短视频，创作者需要设计不同的封面文字造型，以贴合短视频的风格。例如，技巧类短视频封面图中的文字应该选择较为常规的字体，不宜添加过多装饰，且摆放位置最好固定；对于非技巧类的短视频，创作者可以根据短视频的风格设置不同的文字样式。例如，对于可爱风、宠物系列的短视频封面图，创作者可以选择较为俏皮的字体，并适当添加装饰。

小贴士

封面不能出现暴力、惊悚、色情、低俗等内容，不能含有二维码、微信号等推广信息。短视频账号如有违规情况就不会获得短视频平台的推荐，甚至会被处罚。

2.3.5　优质标题的策划方法

标题文案的好坏直接影响短视频的点击率。一个好的标题文案能够扩大短视频的传播范围，使短视频更容易获得平台的推荐；而不好的标题文案会埋没一个优秀的短视频作品。下面介绍如何策划一个吸引人的优质短视频标题。

微课2-12

1. 提取关键词

目前大多数短视频平台都采用了算法机制，可以更精准地确定用户痛点。例如，抖音的推荐机制是"机器审核 + 人工审核"，也就是说标题首先要经过机器审核，其次才是人工审核。因此，在写标题的时候，需要根据定位的领域，多添加一些行业常见、高流量的关键词。例如，定位于办公软件培训领域的账号，可以多在标题中添加"办公""知识""不加班"等专属词汇。

2．确定标题句式

在创作短视频标题时，要尽量避免使用大长句，而应多用短句，并合理断句，力争用最少的字数讲清短视频内容。除了使用陈述句以外，也可以使用疑问句、反问句、感叹句、设问句等句式，以引发用户的思考，增强用户的代入感。一般来说，短视频标题要多用两段式或三段式，这样的标题格式不仅可以承载更多内容，使表述更加清晰，而且易于用户理解，减轻其阅读负担，如"还在喝奶茶？牛奶＋芒果比奶茶好喝多了""刘某宏男孩女孩们，跳操前后变化有多大"等。

3．输出干货

在标题里直接点明本短视频能给用户带来什么价值、用户观看后有哪些收获，有利于短视频的传播。这种收获可以是精神上的愉悦，也可以是某一方面技能的提升，以此吸引具有需求的用户观看短视频，如"急用证件照，不会用 Photoshop 修？教你快速搞定换色模板""做销售如何留住客户？记住这几条就够了"等。

4．使用第二人称"你"

若想在标题上让用户产生代入感，引起共鸣，可以多使用第二人称"你"。例如，技能学习类短视频标题可以是"看完这个视频，你就会成为剪辑专业人士"；励志、能量类短视频标题可以是"别担心，你值得这世间所有的美好"。尽管短视频是呈现给所有用户看的，但使用第二人称可以给用户一种为其量身定制的感觉，让用户产生强烈的代入感。还可以在标题中指明某一特定群体，让该类用户群体看到后产生代入感。例如，"愿每个在异乡工作的你，都能被温柔以待"这段文案说出了大多数在异乡奋斗的人的辛酸。

5．利用数字和数据

在标题中使用数字会让短视频内容更加直观，如"不想加班，这 3 个技能一定要学会""可乐鸡翅怎么做才好吃？3 个小技巧让你做出美味鸡翅"。在标题中对提出的问题给出 3 种解决方法，会使内容更加突出、明确，因此建议使用阿拉伯数字。另外，还可以通过具体的数字对短视频内容进行数据化描述，如"2022 年，这批奶粉的质检合格率为 100%"。有奶粉购买需求的用户在看到这个标题时，可能就会被"100%"这个数据吸引，想要知道到底是哪种奶粉，从而继续观看短视频内容。

6．添加热点词汇

热点事件是大众比较关注的，一旦发生热点事件，大家都想要先了解，进行搜索观看。如果选题内容与热点事件相关，就可以尽量在短视频的标题中体现。需要注意的是，热点词汇并不是随便使用的，要与自身账号的定位一致。例如，技能类账号的短视频标题一般不要出现娱乐热词，否则标题不仅与账号定位不符，甚至会产生反作用，使原有粉丝产生不良情绪。

7．引发好奇心

好奇是人类的天性，如果标题能够成功地引发用户的好奇心，那么用户点击观看短视频的欲望也会被激发。首先，短视频标题可以设置悬念使用户好奇。例如，"看到最后一个动作笑得嘴都酸了""假扮总裁帮朋友撑场面，没想到这个总裁竟是……""想成为短视频剪辑专业人士，第一步是……"等。看到这样的标题，用户通常都会因为好奇而看完整个短视频。这样可以使用户在短视频播放页面的停留时间更长，使短视频完播率更高。其次，短视频标题可以通过前后冲突，形成对比，让用户产生好奇心理。例如，"没回家时妈妈的态度 vs 回家后妈妈的态度""甜豆腐脑 vs 咸豆腐脑，到底哪个更好吃？这才是正确的吃法"等。

8．引发互动

想要引发用户互动，让用户转发、评论，最好的办法之一就是采用疑问句，让用户自然而然地想留下自己的答案。例如，"有了钱之后你最想做什么""你还想知道什么，评论区告诉我"等开放性问题，用户看到就想回答、进行互动，从而增加短视频的评论量，扩大短视频的传播范围。

2.4　短视频脚本策划

短视频脚本是短视频创作的关键，用于指导整个短视频的拍摄方向和后期剪辑，具有统领全局的作用。撰写短视频脚本，可以提高短视频的拍摄效率与拍摄质量。

2.4.1　短视频脚本的构成要素

短视频脚本的构成要素主要有8个，分别是内容框架、主题定位、人物设置、场景设置、内容主线、情绪基调、配音配乐、镜头运用。表2-3所示为短视频脚本构成要素的具体说明。

微课2-13

表2-3　短视频脚本构成要素的具体说明

构成要素	具体说明
内容框架	前期在脑海里明确目标受众，确定主题和内容，确定故事线，规划场景，制订拍摄计划等
主题定位	短视频中心思想的落地，即内容要表现的含义是什么、想反映的主题是什么，如公益广告类短视频每期想要表现一个什么主题
人物设置	在短视频中需要设置几个人物？每个人物需要表现哪方面的内容
场景设置	短视频要在哪里拍摄，室内、室外，还是绿幕抠像？这些都需要考虑
内容主线	短视频的内容主线是什么？剧情怎么发展？用顺叙还是倒叙的方式展现？通过叙述方式来调动观众的情绪
情绪基调	根据短视频要表现的情绪搭配合适的影调，如悲剧、喜剧、怀念、搞笑、科技、冷调、暖调、光影等
配音配乐	短视频的声音主要包括人物说话的声音和背景音乐两部分，根据主题选择恰当的配音配乐，可以渲染短视频的剧情
镜头运用	选择合适的镜头进行短视频的拍摄

2.4.2　短视频脚本的3种类型

根据短视频拍摄内容的不同，撰写的短视频脚本类型也各不相同。短视频脚本大致可分为拍摄提纲、文学脚本和分镜头脚本3类。在选择脚本类型时，创作者可以根据短视频的拍摄内容而定。

微课2-14

1. 拍摄提纲

拍摄提纲是为短视频搭建的基本框架，或者说是短视频的拍摄要点，只对拍摄内容起到提示作用。选择拍摄提纲这类脚本，大多是因为拍摄内容存在不确定的因素。如果要拍摄的短视频没有太多不确定的因素，一般不建议采用这类脚本。

拍摄提纲的写作一般分为以下几部分内容。

（1）选题阐述。明确短视频的选题、立意、创作方向和创作目标。

（2）视角阐述。阐述短视频选题的角度和切入点，好的视角能让人耳目一新。

（3）技法阐述。阐述不同题材短视频的创作要求、创作方法和表现技巧。

（4）调性阐述。阐述短视频的构图、色调影调、用光安排和创作环境等。

（5）内容阐述。详细地呈现场景的转换、结构、视角和内外节奏的把握等。

（6）细节阐述。完善细节要求，补充剪辑、音乐、解说和配音等内容。

2．文学脚本

文学脚本是在拍摄提纲的基础上增添了一些细节的内容，使脚本更加丰富和完善。它要求短视频创作者列出所有可能的拍摄思路，对短视频的主题、人物、场景、情节、动作、台词等进行详细的描写，它的形式类似于故事、小说等。文学脚本需要考虑实际情况，将拍摄中的所有可控因素罗列出来，尽可能提高短视频的可拍性。

文学脚本除了适用于有剧情的短视频外，也适用于非剧情类的短视频，如教学类短视频和评测类短视频等。要想写出优质的文学脚本，创作者需要注意以下几点。

（1）在写作文学脚本之前，首先要确定好拍摄的主题、故事线索、人物关系和场景等要素。

（2）写作文学脚本时，一般需要先确定一个整体框架。通常会选择"总—分—总"的结构，这样情节比较完整。

（3）在有台词的短视频中，台词是非常重要的一部分，台词的编写一定要简单明了，只要能够描述清楚故事情节或演员性格即可。

（4）场景和背景可以起到渲染故事情节和主题氛围的作用，场景的选择或设置一定要与剧情相吻合，不能随意搭配。

3．分镜头脚本

分镜头脚本十分细致，它是在文学脚本的基础上，按照导演的总体构思，将故事情节、内容以镜头为基本单位，划分出不同的景别、角度、声画形式和镜头关系等。

分镜头脚本可将短视频的每个画面都体现出来，也会逐一罗列对镜头的要求。它是一个在拍摄与制作过程中起着指导性作用的总纲领，后期的拍摄和制作基本上都会以分镜头脚本为直接依据。使用分镜头脚本能符合严格的拍摄要求，提高拍摄画面的质量。此外，分镜头脚本还可以作为视频长度和经费预算的参考依据。

分镜头脚本适用于故事性较强的短视频，其包含的内容十分细致，每个画面都要在导演的掌控之中。分镜头脚本一般包含镜号、画面内容、景别、运镜方式、时长、台词、音效、备注等要素，如表2-4所示。

表2-4　分镜头脚本各要素

镜号	画面内容	景别	运镜方式	时长	台词	音效	备注

在分镜头脚本中，每个要素的含义如下。

（1）镜号。镜号是每个镜头顺序的编号，从 1 开始。拍摄时不一定按镜号顺序拍摄，但写作分镜头脚本时必须按镜号顺序来写作。

需要注意的是，在描述长镜头画面时，为了详细地表现镜头中角色的运动方式或行为等，可以占用表格的几行内容，不限于一行，要能表述清楚。

（2）画面内容。画面内容是视频画面中出现的内容，具体来说就是把内容拆分到每一个镜头中，画面的语言描述要具体、形象、简洁，能达到拍摄要求。

（3）景别。景别是画面内容所选择的视野、空间范围，包括远景、全景、中景、近景、特写等。交替使用各种景别，可以使画面更具表现力和艺术感染力。

（4）运镜方式。运镜方式包括推、拉、摇、移、跟、甩镜头等，以及运镜方式的组合。

（5）时长。时长是每个镜头呈现的时间长度，一般以"秒"为单位，方便在后期剪辑时快速找到视频片段的重点，提升剪辑师的工作效率。

（6）台词。台词是配合画面内容或主题要求，以文字脚本的解说为依据，对画面中的内容进行解释和说明的文字。台词应写得具体、形象，应注重描述上的文学性。

（7）音效。背景音乐可以用来增强叙事效果和烘托气氛，配合各种音效，如风声、雨声、鸟叫声等，可以给用户带来身临其境之感。在添加音效时，应标明起始位置。

（8）备注。备注用来说明其他需要注明的拍摄注意事项、道具、资料等内容。

📖 **素养课堂**　　　　　　　　　　　**做事要有计划**

做事要有计划，这是人们在生活和工作中所不能忽视的一点，我们一定要养成有计划的习惯。

（1）计划能够帮助我们更好地掌控时间和资源，从而更有条理、高效地完成任务。

（2）有计划地组织任务可以大大降低失误率。因为做事有计划可以帮助我们更清晰地了解自己的工作和任务，快速识别任务中可能出现的问题，并寻找相应的解决方法，从而避免一些可能的失误或错误。

（3）当我们有一个清晰的计划并且知道接下来要做什么时，我们就可以更加专注于任务，而不会被其他不重要的事情所干扰。这样我们就可以更加高效地完成任务，并且不需要花费额外的时间和精力。

2.5 实战案例指导：策划美食类短视频的内容

本章介绍了短视频策划的内容，短视频创作者要制作美食类短视频，通常需要先进行内容定位分析。进行内容定位分析时首先要分析用户需求，然后选择内容类型。

1. 分析用户需求

根据美食类短视频的用户画像，可以得知美食类短视频的内容需求主要包括休闲需求和实用需求两个方面。

（1）休闲需求。休闲需求是指用户观看美食类短视频的目的是使身心愉快，或打发空闲时间。例如，用户在观看美食达人类型的美食类短视频时，不仅可以得到视觉和听觉上的享受，还能从心理上满足自己的口腹之欲；在观看乡村达人类型的美食类短视频时，则可以看到自己向往的乡村生活，使心情得到片刻的放松等。

（2）实用需求。实用需求是指用户观看美食类短视频的目的是学习美食的相关知识，为自己制作美食提供经验并节约时间。例如，用户在观看美食制作过程展示类的短视频时，可以获取很多美食制作技巧；观看美食旅游类的短视频时，不但可以增长见识，还可以为自己以后旅游和寻找美食积累经验。

2. 选择内容类型

美食类短视频的内容类型中，占比最多的就是美食制作过程展示类的短视频，其次是美食达人类的短视频，最后是美食评测类或美食旅游类的短视频。

（1）美食制作过程展示类。这种美食类短视频制作简单且成本较低，在很短的时间内就可以完成拍摄和制作。因制作成本较低，这种美食类短视频适合短视频新手和一些小的短视频制作团队；缺点就是内容同质化严重，大部分只是简单的美食制作过程展示，如图2-17所示。

（2）美食达人类。这种美食类短视频比较注重为主角打造诸如"乡村美食达人"（见图2-18）、"城市美食达人"等人设。如果能将主角发展成该垂直细分领域的达人，就能具备竞争优势。这种短视频需要一个长期的传播和分享过程，如果有专业团队的支持，就比较容易成功。

（3）美食评测类。这种美食类短视频数量较多，但是视频主角能够成为达人的比较少，对用户没有太大的吸引力，在实用性和娱乐性上稍逊一筹。但是这种短视频制作简单，发挥空间大，比较适合短视频新手。美食评测类短视频如图2-19所示。

（4）美食旅游类。这种美食类短视频属于一种新兴的短视频类型，容易吸引用户关注，但制作成本比较高，适合有团队支持或资金充裕的短视频新手。美食旅游类短视频如图2-20所示。

| 图2-17 | 图2-18 | 图2-19 | 图2-20 |

实训1：为热爱旅行的女性策划一个选题树

【实训目标】

本章我们学习了如何从"人、具、粮、法、环"这 5 个维度来为短视频寻找选题，本次实训以热爱旅行的女性为例，为其策划一个选题树。

【实训思路】

图 2-21 所示为"热爱旅行的女性"的选题树，请将内容补充完整。

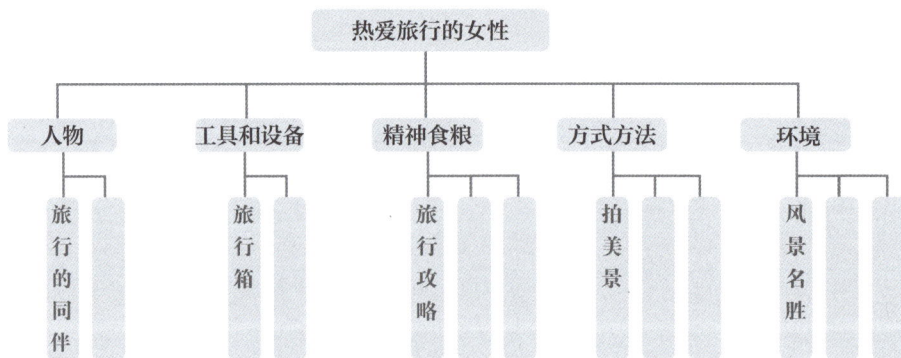

图2-21

实训2：撰写一个美食制作类短视频的拍摄提纲

【实训目标】

运用本章所学知识，撰写一个美食制作类短视频的拍摄提纲。本次实训以宫保鸡丁的拍摄提纲为例。

【实训思路】

宫保鸡丁是一种很美味的食物，能满足多数用户的食用需求，且其食材丰富，外观也能给予用户视觉享受。考虑到制作成本问题，本短视频的内容以食材本身为主，展示制作过程，视频画面中可以出现主角的手臂，这样制作简单且成本较低。宫保鸡丁的拍摄提纲如表2-5所示。

表2-5　宫保鸡丁的拍摄提纲

提纲要点	提纲内容
展示食材和配料	鸡胸肉 400 克、花生米 80 克、菜籽油 60 克、盐 3 克、干辣椒 20 克、花椒 5 克、米醋 1 汤匙、白糖 1 汤匙、酱油 4 汤匙、大葱白一段、生姜 1 块、大蒜 1 头、料酒 2 汤匙、玉米淀粉适量、香油 2 汤匙
准备辅料	生姜、大蒜切片，大葱白切丝；取适量的大葱丝和生姜片放入小碗中，加入大约 30 毫升开水、1 汤匙料酒，浸泡成葱姜酒水备用
准备鸡肉	将鸡胸肉洗净后切成鸡丁
腌制鸡肉	加入 2 汤匙酱油，抓拌；然后分 3 次加入 2～3 汤匙的葱姜酒水，抓拌；再加入 1 汤匙玉米淀粉，继续抓拌；最后加入 2 汤匙香油，拌匀
调制调味汁	1 汤匙料酒、2 汤匙酱油、1 汤匙米醋、1 汤匙白糖、盐少许、1/2 汤匙玉米淀粉
炒制食材	炒制花生，盛出晾凉备用；放入鸡丁，炒熟后盛出；炒香干辣椒和花椒；然后放入炒好的鸡丁和花生，大火翻炒；再加入大葱丝、姜蒜片炒出香味
收汁装盘	淋入调制好的调味汁，大火翻炒收汁；将做好的宫保鸡丁装盘展示

实训3：撰写一个公益广告的分镜头脚本

【实训目标】

地球资源对我们来说是宝贵而有限的，为了保护地球环境，我们应当树立可持续化生态观念和环保观念。本次实训以公益广告短视频为例，介绍分镜头脚本的撰写（注：本次实训的公益广告短视频并不设置台词）。

【 实训思路 】

本次拍摄我们选择的拍摄主题是"纸"，既能体现出保护环境的理念，又能体现出节约资源的理念。选择的 3 个拍摄地点分别是商业步行街、居民生活区和图书馆。表 2-6 所示为公益广告的分镜头脚本。

表2-6　公益广告的分镜头脚本

镜号	画面内容	景别	运镜方式	时长 / 秒	地点	音效	备注
1	发广告的人给路过的行人发了一张广告纸	中景	固定镜头	2	商业步行街	鼓点紧凑的背景音乐	色调：黑白
2	行人看了一眼后随手将广告纸扔在了地上	中景	跟镜头	3	商业步行街	同上	同上
3	广告纸在川流不息的人群中被踩踏	特写	固定镜头	2	商业步行街	同上	同上
4	取完快递的人随手将拆开的纸箱扔在了垃圾桶旁的地上	中景	移镜头	3	居民生活区	同上	同上
5	多人经过，没有人主动拾起纸箱	特写	固定镜头	2	居民生活区	同上	同上
6	图书馆看书的人拿起纸杯喝咖啡并将纸杯放在桌子上，起身离去	近景	固定镜头	4	图书馆	同上	同上
7	纸杯被遗忘在图书馆的桌子上	特写	推镜头	2	图书馆	同上	同上
旁白字幕：步伐匆匆，很多细节会被我们遗忘……							
8	环卫工人捡起地上的广告纸，扔进了可回收物垃圾桶	中景	升镜头	4	商业步行街	明亮欢快的背景音乐	色调：黑白变彩色
9	保安拾起地上的纸箱，扔进了可回收物垃圾桶	中景	升镜头	4	居民生活区	同上	同上
10	清洁工擦干净桌子，拿起纸杯，扔进了桌下的垃圾桶	中景	降镜头	4	图书馆	同上	同上
结尾字幕：美好家园，"纸"得我们保护							

思考与练习

一、选择题

1. （单选）勾画用户画像时,想要确定用户的使用场景,可以采用经典的（　　）法。
   A. "5W2H"　　　　　　　　　　B. "5W1H"
   C. "3W1H"　　　　　　　　　　D. "4W2H "

2. （多选）以下属于短视频选题的基本原则的有（　　）。
   A. 坚持用户导向　　　　　　　B. 保证内容垂直度
   C. 注重价值输出　　　　　　　D. 避免违规敏感词汇

3. （单选）内容策划时运用发散思维,由一个中心点向外扩散、不断延展内容的方法是（　　）。
   A. 模仿法　　　B. 搬运法　　　C. 创新法　　　D. 扩展法

二、填空题

1. 在进行短视频定位时,需要从两个方面进行考虑:一是（　　　）,二是（　　　）。

2. 创作者勾画用户画像的第一步就是对用户信息数据进行（　　　）。

3. 短视频选题策划的 5 个维度是（　　）、（　　）、（　　）、（　　）和（　　）。

三、判断题

1. 短视频定位是短视频创作的第一步,它决定了短视频账号的发展方向。（　　　）

2. 短视频的整体内容风格和人设不必一直保持统一,为了保持用户的新鲜感,可以随时变化。（　　　）

3. 分镜头脚本适用于故事性较强的短视频,可将短视频的每个画面都体现出来,也会逐一罗列对镜头的要求。（　　　）

四、简答题

1. 简述获取选题素材的途径。
2. 简述切入选题的方法。
3. 简述创作者在进行短视频内容创作时需遵循的原则。

五、实操题

1. 以"热爱美食的女性"为例策划一个选题树。
2. 自选主题撰写一个短视频的分镜头脚本。

第 3 章

短视频拍摄

学习目标

1. 了解短视频的拍摄工具

2. 掌握短视频的拍摄技巧

3. 熟悉手机拍摄的技巧及功能

4. 熟悉其他设备的拍摄技巧

素养目标

1. 锻炼学生的实操能力

2. 提高学生的审美素养

引导案例

想要拍摄出受人喜爱的短视频是不容易的，只有主题吸引人、画面精良的短视频，才能得到观众的青睐。短视频拍摄既要求技术又要求艺术创意。创作者想要顺利地完成短视频的拍摄，不仅要熟悉短视频拍摄的相关设备、熟练掌握相关拍摄设备的功能和操作方法，还要掌握短视频拍摄的相关技巧，如短视频画面构图、光线运用、运动镜头及转场的方法等，只有这样才能拍摄出高品质的短视频。

《舌尖上的中国》是十分优秀的国产美食纪录片。摄影师在拍摄该纪录片时采用了非常专业的拍摄技法，如大量采用贴近式拍摄，然后用微距拍摄事物的质感，用GoPro设备从主观视角拍摄，借鉴了很多广告拍摄的方法。总之，该纪录片让观众能够看到以往看不到的角度，从而激发观众的食欲，这也是其拍摄成功的关键。

思考题：

1. 结合案例内容，分析拍摄技巧对视频制作的重要性。

2. 除美食类短视频外，还有哪些类型的短视频要求善用拍摄技巧？请举例说明。

3.1　短视频的拍摄工具

目前,短视频的拍摄工具主要有3类:手机、微单相机/单反相机、无人机。由于本书介绍的剪辑软件是剪映,其视频素材一般由手机拍摄,所以本节要介绍的短视频拍摄工具以手机为主,以微单相机/单反相机、无人机为辅。

微课3-1

3.1.1　手机:拍摄短视频的利器

随着智能手机的普及,手机已经成为人们日常生活中不可缺少的用品,也逐渐发展为最常见的拍摄设备,人们使用手机就能够拍摄出短视频。图3-1和图3-2所示为使用手机拍摄。

现在短视频平台的功能日趋完善,使用手机拍摄短视频后可直接将其发布到短视频平台上,十分方便。例如,华为、iPhone 等机型已经具备非常强大的功能,可以满足短视频的拍摄、剪辑、发布的要求。

当然,也可以使用手机中的短视频 App 拍摄短视频,并通过设置滤镜和添加道具等,提升短视频画面的效果。

图3-1

图3-2

1.　使用手机拍摄的优势

手机作为短视频拍摄设备具有以下几点优势。

(1)轻便灵活。日常生活中,精彩的瞬间总是稍纵即逝,一些突然出现的有趣画面或难得一遇的美丽风景,不会让人们有时间提前做好拍摄准备,此时使用随身携带的手机拍摄就是一个不错的选择。手机的最大特点就是方便携带,用户可随时随地进行拍摄。当遇到精彩的瞬间或美丽的风景时,用户就可以随时拿出手机来拍摄,捕捉精彩的画面。

(2)操作智能。无论是使用手机自带相机还是使用手机中的短视频 App 来拍摄短视频,其操作都非常智能化。用户只需要点击相应的按钮即可开始拍摄,再次点击按钮即可完成拍摄。拍摄完成后手机会自动将拍摄的短视频保存到手机默认的视频文件夹中。

(3)美颜强大。手机中的短视频 App 通常都具有强大的美颜功能,包括美白、磨皮、瘦脸等，这些功能已经成为人们在日常拍摄中经常使用的功能。直接选择需要的功能进行拍摄，可省去后期编辑的麻烦。

（4）续航能力强。手机在被充满电的情况下通常可以连续拍摄 3 个多小时，甚至更长时间，有着较强的续航能力。当手机电量不足时，还可以使用充电宝充电。

（5）编辑便捷。用手机拍摄的短视频直接存储在手机中，用户可以直接通过相关 App 来进行后期编辑，在编辑完成后还可直接发布。用其他拍摄工具，如单反相机和微单相机拍摄的短视频则需要先传输到计算机中，通过计算机中的剪辑软件处理后再进行发布，操作起来比较麻烦。

2．手机自带镜头

如今手机大多会配有多个摄像头，提供多种镜头，如广角镜头、标准镜头、超广角镜头、长焦镜头。图 3-3 所示为 iPhone 14 Pro 的镜头。

不同的镜头适合表现不同的拍摄题材。例如，一般广角镜头、超广角镜头可以拍摄出视野宽广的画面，适合表现大场景的风光、建筑题材等；长焦镜头可以将画面拍得紧凑

图3-3

一些，这样会使人物形象更加突出，适合拍摄人像；标准镜头常用于日常记录等。

（1）广角镜头。大多数手机的主摄像头一般为 22 ～ 30 毫米焦距的广角镜头，所以常被称为"广角主摄"。这个焦距接近于人眼所见的取景范围，广角镜头是使用频率最高的镜头之一。打开手机相机的操作界面，就能在拍摄界面中看到"1×"的数值显示，如图 3-4 所示。

（2）超广角镜头。超广角镜头一般是焦距约为 16 毫米的镜头。超广角的焦段在不同相机上显示不同，iPhone 手机显示为 0.5，华为手机直接显示为"广角"文字，如图 3-5 所示。由于超广角镜头的焦距多是主摄焦距的 0.6 倍，所以有些相机中的超广角拍照模式又称"0.6×变焦"。与主摄镜头相比，利用超广角镜头能够拍摄更加广阔的画面，如图 3-6 所示。

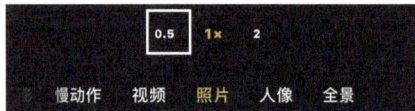

图3-4

图3-5

（3）长焦镜头。一般焦距大于 50 毫米的摄像头就是长焦镜头。要想让镜头获得更长的焦距，需要增大传感器与镜片之间的距离，即整套镜头模组需要变得更厚。这就是目前大部

分手机的后置镜头模组凸出后盖表面 2 ～ 3 毫米的原因。在手机相机内置的焦段中，"1×"以上的焦段通常称为长焦，系数越大拍得越远。

由于长焦镜头视野比较窄，可以减少背景干扰，镜头畸变小，所以比较适合拍摄高大建筑物的局部、人像及极简风格的画面，如图 3-7 所示。

图3-6 　　　　　　　　　　　　　图3-7

小贴士

现在几乎所有的手机都具备拍摄短视频的功能，但和单反相机、微单相机等专业的拍摄设备相比，手机在某些方面还不够专业，如镜头能力较弱、成像质量不高、稳定性差、降噪功能较差等。

针对手机拍摄短视频的种种不足，我们可以借助一些"神器"来弥补，以使拍摄效果接近专业视频拍摄设备的拍摄水准，如外接镜头、稳定器、遥控器、灯光设备、收声设备、拍摄道具等。

3.1.2　外接镜头：提升拍摄效果

如果拍摄者使用的是单摄手机，又有其他的拍摄需求，那么可以考虑为手机添加外接镜头。所谓外接镜头，就是安装在手机自带镜头上的镜头设备，如图 3-8 所示。外接镜头能够在一定程度上弥补手机自带镜头在取景范围与对焦距离方面的不足。

图3-8

目前市面上比较常见的外接镜头主要有超广角镜头、微距镜头、鱼眼镜头和增距镜头。

不同外接镜头的作用如下。

超广角镜头：适合拍摄自然风光、建筑等。

微距镜头：适合拍摄花卉昆虫、珠宝古玩、水珠、五官等。

鱼眼镜头：适合拍摄城市夜景、橱窗景物、蓝天白云、宠物等。

增距镜头：适合拍摄人像、美食等。

3.1.3　稳定器：提升短视频质量

短视频拍摄对稳定性的要求非常高，尤其是使用手机拍摄时，仅靠拍摄者双手维持稳定性还是很难的。为了保证画面的稳定、清晰，拍摄者需要借助稳定器。常用的手机稳定器有自拍杆、手机支架、三脚架、手持云台。

1. 自拍杆

自拍杆是使用手机自拍时最常使用的设备之一，它有一个可伸缩的拉杆，可以让拍摄者的手机远离自己，拍摄更多的画面内容，同时还可以有效保证手机的稳定性。通过自拍杆把手位置的按键或蓝牙遥控器即可实现拍摄。有的自拍杆使用起来很方便，其把手可以变成小三脚架，用户可以方便地将其放在想要的拍摄平面，如图 3-9 所示。

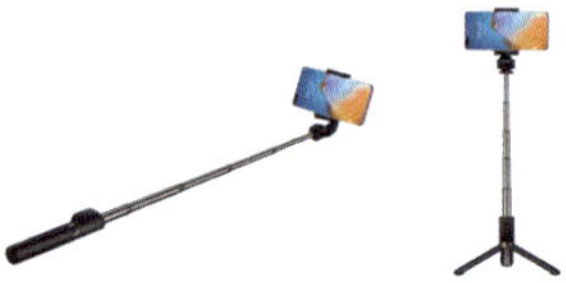

图3-9

2. 手机支架

手机支架（见图 3-10）可以释放拍摄者的双手，将它固定在桌子上，还能防摔、防滑。手机支架适用于拍摄时双手需要做其他事情的拍摄者。

图3-10

3. 三脚架

拍摄短视频时，如果只有一个人拍摄，三脚架几乎是不可或缺的拍摄器材。三脚架一般都是可伸缩的（见图 3-11），并且可以防止拍摄设备抖动造成的短视频画面模糊。拍摄短视频的三脚架大概分为两种：一种是桌面三脚架，比较适合美妆类、推荐好物类等短视频的拍摄；另一种是地面三脚架，比较适合街拍类、旅游类等短视频的拍摄。

图3-11

4. 手持云台

三脚架可以保持手机稳定，但是在室外拍摄动作，如走路、跑步、骑车等画面时，用三脚架就明显不行了。如果拍摄者徒手拿着手机，画面就会抖动。因此，拍摄者可以在手机上安装稳定器，如手持云台。手持云台又称手持稳定器，如图 3-12 所示。拍摄者使用手持云台除了可以保持拍摄稳定以外，还可以采用多种运镜方式，如悬挂、侧握、手电筒式、标准式等。

图3-12

3.1.4 遥控器：实现远程控制

在拍摄短视频时如果想要实现远程控制，就需要用到触控附件——遥控器。它可以帮助用户在无须触摸屏幕的情况下按下快门，轻松实现远程控制。另外，使用遥控器还可以防止手机抖动。

目前，市面上大多数遥控器通过连接手机蓝牙就可以使用，如图 3-13 所示。蓝牙遥控器适用于手机自带相机、提词软件，用户只需连接蓝牙，无须进行任何设置，不需要模拟器，简单易操作。

除了蓝牙遥控器外，拍照时用户也可以直接使用手机自带的声控拍照、手势拍照和笑脸抓拍功能（多数手机已具备）来拍摄，打开手机相机的设置界面即可设置，如图 3-14 所示。启用声控拍照后，在拍照界面大声说"拍照"或"茄子"（手机设定的关键词），手机将自动拍照；启用手势拍照后，在前置摄像头的拍照界面将手掌朝向手机，手机将自动拍照，如图 3-15 所示；启用笑脸抓拍后，在拍照界面检测到笑脸时，手机将自动拍照，如图 3-16 所示。

| 图3-13 | 图3-14 | 图3-15 | 图3-16 |

小贴士

用户可以根据拍摄的特定情况，择优选用按快门方式，这样才能最大限度地确保手机稳定，保证画质。

3.1.5　灯光设备：用于画面补光

灯光设备虽然并不算是使用手机拍摄短视频的必备器材，但是为了获得更好的视频画质，灯光是非常关键的。手机短视频拍摄常用的灯光设备就是 LED 环形补光灯，它基于高亮的光源与独特的环形设计，使人物脸部受光均匀，更有立体感，让皮肤更显白皙、光滑。LED 环形补光灯外置柔光罩，让高亮的光线更加柔和、均匀。LED 环形补光灯在顶部与底部中央位置均设计了热靴座，可用于固定化妆镜、手机等配件，如图 3-17 所示。

除 LED 环形补光灯外，柔光箱和柔光伞也是常见的灯光设备。柔光箱（见图 3-18）将光线在内部充分柔和后发射出来，其产生的光线基本可以认为是一束平行光。柔光伞（见图 3-19）主要通过降低光源的直射强度制造出柔和的光线。

| 图3-17 | 图3-18 | 图3-19 |

3.1.6 收声设备：让音质更清晰

短视频由图像和声音组合而成，短视频画面固然重要，但声音也是不可或缺的。在比较安静的环境中拍摄短视频时，若拍摄距离较近，手机的收音效果一般可以满足需求。但是当拍摄距离较远时，手机的收音效果会比较差，容易将人声和杂音混合在一起，因此仅依靠机内话筒是远远不够的，还需要外置话筒，如图 3-20 所示。

3.1.7 拍摄道具：让短视频更独特

图3-20

在拍摄短视频的过程中，拍摄者经常会借助各种物品来辅助拍摄，这些物品被称为道具。道具是制作短视频的一个重要因素，要想拍出好的短视频，道具的选择很重要。无论是为了强调主题、增加趣味，还是为了增强视觉效果，道具都是不可或缺的。

道具的选择没有固定的范围，可以选择简单的道具，如桌子、椅子、小玩具和背景布等，也可以选择复杂的道具,如饰品和服装等。图 3-21(a)所示的拍摄场景中使用的道具为灯笼、对联、中国结等；图 3-21（b）所示的拍摄场景中使用的道具为桌子、计算机、置物架等；图 3-21（c）所示的拍摄场景中使用的道具为民族服饰。

道具的选择没有好坏之分，不要贪多，也不要过少，选择原则是有助于更好地表达想法、适合作品。道具的选择也并不难，身边的每一个小物件、每一个平时没有在意的角落等，都可以成为道具。

（a） 　　　　　　　（b） 　　　　　　　（c）

图3-21

3.1.8 微单相机/单反相机、无人机：让短视频拍摄更专业

使用手机拍摄短视频可能无法满足专业拍摄者的需求，这时就需要使用更专业的设备。如果短视频团队中的摄像人员具备较强的拍摄能力，且团队的运营资金也较为充足，那么可以考虑选用更为专业的微单相机／单反相机、无人机作为短视频的拍摄设备。

1. 微单相机／单反相机拍摄

大家都知道微单相机／单反相机的摄影功能很强大，其实其录像功能也同样强大。随着大众对短视频质量的要求变高，越来越多的人选择用微单相机／单反相机来拍摄短视频。图3-22 所示为常见的微单相机／单反相机。

图3-22

与手机相比，微单相机／单反相机有什么优势呢？下面让我们来了解一下。

（1）拍摄更广、更远的画面。微单相机／单反相机可以更换镜头，它们具有丰富的镜头群，从超长焦、长焦到超广角（超短焦），有很广的焦距范围可供选择，能满足多样的拍摄需求。而手机可供选择的焦距范围相比微单相机／单反相机就要窄得多。

① 微单相机／单反相机通过安装比手机镜头焦距更长的镜头，可以拍摄更远的画面。

② 微单相机／单反相机通过安装比手机镜头焦距更短的镜头，可以拍摄更宽广的画面。

（2）背景虚化效果更强。镜头的光圈越大，其背景虚化效果就越强。而微单相机／单反相机镜头提供的光圈比手机镜头的光圈更大，因此其背景虚化效果比手机的更强。

（3）呈现更好的画质。画质的好坏，主要取决于图像传感器（也叫感光元件）的大小。图像传感器越大，成像的质量就越好。微单相机／单反相机的图像传感器尺寸远远超过手机的图像传感器尺寸，这意味着微单相机／单反相机有着更高的像素采样、更广的动态范围及更强的感光能力，所以能够呈现出更优质、细腻的画面。

2. 无人机拍摄

无人机拍摄已经是比较成熟的一种拍摄方式了，在很多影视作品中都可以看到无人机拍摄的镜头。现在无人机也被广泛应用于短视频拍摄。

无人机由机体和遥控器两部分组成。机体中带有摄像头或高性能摄像机，可以完成视频拍摄的任务；遥控器则主要负责控制机体飞行和摄像，并可以连接手机，实时监控并保存拍摄的视频。无人机如图 3-23 所示。

图3-23

与手机、微单相机/单反相机相比，无人机拍摄有什么优势呢？下面让我们来了解一下。

（1）看得更高，看得更远。无人机可以摆脱传统摄影的高度和区域限制，以一种全新的视角拍摄，如可一键实现全景、俯瞰等镜头的拍摄。

（2）体积较小，机动性强。无人机的爬升力较强，高度控制灵活。无人机在短时间内可完成从低海拔爬升至几百米高空的飞行任务，还可在没有障碍物的情况下，实现超低空拍摄。

（3）起降灵活，安全性强。无人机的起飞、降落受场地限制较小，在操场、公路或其他较开阔的地面均可起降；无人机的安全性比以前增强了很多，已经具有失控返航、自主避障、自动跟随等功能。

> **📑 小贴士**
>
> 虽说无人机强大的机动性为短视频拍摄带来了很大便利，但正因为这一特性，它也为社会带来了很多风险。一方面是安全风险，因为无人机位于空中，如坠落会造成人员伤亡或财产损坏；另一方面则是治安管理上的风险，因为围墙等设施对无人机来说形同虚设，各种"禁区"都能被轻易突破。基于这种原因，我国颁布了相关管理规定，对无人机的使用设置了准入门槛，并对无人机的使用有详细的要求。拍摄者如果需要使用无人机进行拍摄，就应熟知相关规定，合规、安全地操作。

3.2 短视频的拍摄技巧

想要拍摄出高品质的短视频，不仅要熟悉短视频拍摄的相关设备、熟练掌握相关拍摄设备的功能和操作方法，还需要掌握一定的专业拍摄技巧，包括短视频画面构图的设计、景别和景深的运用、拍摄角度的选择、光线位置的设置、运镜方式的巧用、尺寸和格式的设置、对焦与曝光的设置。下面将对这些知识进行详细介绍。

3.2.1 画面构图的设计

构图是表现作品内容的重要因素，指根据画面的布局和结构，运用镜头的成像特征和摄影方法，在主题明确、主次分明的情况下，组成一幅简洁、多样、统一的画面。优质的短视频离不开好的构图，好的构图能让短视频画面更富有表现力和艺术感染力。以下是常见的画面构图方法。

微课3-2

1. 中心构图法

中心构图法就是将主体放在画面的中心进行拍摄的方法。这种构图方法的最大优点就在于主体突出、明确，而且画面容易达到左右平衡的效果。采用中心构图法的视频画面，由于主体位于中间，不仅容易被识别，而且能起到聚焦的作用，观众一眼就能看到，如

图 3-24 所示。另外，中心构图法非常适合表现物体的对称性。

2．对称构图法

对称构图法是将画面分为轴对称或者中心对称的两部分的方法，可以给观众平衡、稳定和安逸的感觉。使用对称构图法可以突出拍摄主体的结构，其一般用于建筑物的拍摄，如图 3-25 所示。需要注意的是，使用对称构图法时，并不讲究完全对称，做到形式上的对称即可。

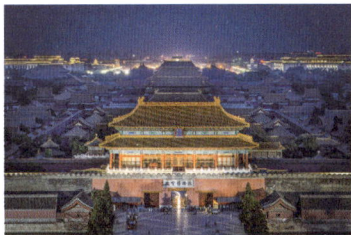

图3-24   图3-25

3．三分构图法

三分构图法是将画面平分为三等份，然后将要表现的主体元素放在任意一条分割线上的构图方法。三分构图法可以分为纵向三分法和横向三分法，图 3-26 所示为纵向三分法。在实际拍摄中，使用三分构图法并非一定要将主体精确地安排在三分线上，位置略微有些偏差也是可以的。

4．九宫格构图法

九宫格构图法可以看作三分构图法的进阶版，它结合纵向三分法和横向三分法中的分割线将画面平分为九等份。运用九宫格构图法时，可以将要表现的主体安排在 4 个交点的任意一个点上来重点表现。在图 3-27 中，汽车被安排在右下角的交点上，可以将观众的视线吸引到汽车上。

图3-26   图3-27

5. 引导线构图法

引导线构图法是利用线条将观众的视线引向画面想要表达的主要物体上的方法，如图 3-28 所示。引导线可以是河流、车流、光线、长廊、街道、铁轨、车厢等。只要是有方向性的、连续的且能起到引导视线作用的线，都可以称为引导线。

图3-28

6. 框架构图法

利用场景中的一些元素对主体形成包围，可以形成框架构图，起到聚集视线的作用。常见的框架有花枝、窗户、门框、回廊立柱等。这种构图方法很独特，在场景中布置或利用框架，将观众的视线引向画面主体，如图 3-29 所示。在环境杂乱的地方，利用前景作为框架可以遮挡住照片里的一部分区域，避免画面过分凌乱，使画面主体更为突出。

7. 留白构图法

留白能更好地突出主体，创作者可以通过大面积的留白给观众留下更大的想象空间。留白不等于空白，它可以是单一色调的背景，还可以是干净的天空、路面、水面、雾气、草原、虚化了的景物等。留白还体现为画外的空间延伸，如借助人物动作或视线，可以有效延伸画面，如图 3-30 所示。

图3-29

图3-30

3.2.2 景别和景深的运用

景别和景深是两个不同的概念，景别是被摄主体在画面中呈现的范围，景深是指在镜头前沿能够取得清晰图像的所测定的被摄主体前后的距离范围。恰当运用景别和景深，可以提升画面的空间表现力。

微课3-3

1. 运用景别，营造不同的空间表现

（1）远景。远景提供的视野宽广，景别空间较大，以表现环境为主，人物较小，相当

于从很远的地方观看景物和人物，看不清对象细节，如图 3-31 所示。

在短视频中，远景可以用于展示事件发生的环境和事件的规模，在借景抒情、渲染气氛方面发挥作用，常用于短视频的片头或片尾。

（2）全景。全景既能清晰展示被摄主体的全貌，又能交代清楚拍摄环境，如图 3-32 所示。全景往往是拍摄一个短视频的总角度，它制约着该短视频片段分切镜头中的光线、影调、色调、主体的位置。

图3-31　　　　　　　　　　　图3-32

需要注意的是，全景拍摄时，人物的头顶和脚下要留出适当的空间，并且头顶的空间要比脚下的更大。

（3）中景。中景的取景范围为人物膝盖以上的部分或场景局部的画面，如图 3-33 所示。中景镜头中，观众既可以看清人物上半身的状态，又能感受周围环境，因此中景镜头有利于交代人与人、人与物之间的关系，常被用来进行叙事性的描写。

（4）近景。近景表现人物胸部以上的动作，如图 3-34 所示。近景画面中人物（主体）占据绝大部分画面，人物表情展示得很清楚，背景与环境特征不明显。

在短视频中，近景着重表现人物面部表情，传达人物内心世界，是刻画人物性格最有力的景别之一。

（5）特写。特写的取景范围为人物肩部以上或被摄主体的局部，是对物体局部的放大，相当于近距离仔细观察，有利于表现被摄主体的局部或最有价值的部分，如图 3-35 所示。

图3-33　　　　　　　　图3-34　　　　　　　　图3-35

特写是短视频中刻画人物、描写细节的独特表现手段，能够强烈、醒目地展示人物的面部表情和丰富的内心世界，往往能将人物细微的表情和某一瞬间的心理活动传达给观众，常被用来细腻地刻画人物性格，表现其情绪。

特写能够使被摄主体从周围环境中独立出来，割裂局部与整体的关系，调动观众的想象力，制造悬念。因此，在短视频拍摄中还常常使用特写镜头作为转场手段。

2. 运用景深，控制画面的层次变化

当镜头对着被摄主体完成聚焦后，被摄主体与其前后的景物有一个清晰的范围，这个范围称为景深。因为景深范围内画面的清晰程度不一样，所以景深又被分为深景深和浅景深。深景深，背景清晰；浅景深，背景模糊。浅景深可以有效地突出被摄主体，通常在拍摄近景和特写镜头时采用；而深景深则起到交代环境的作用，表现被摄主体与周围环境及光线之间的关系，通常在拍摄自然风光、大场景和建筑等时采用。

光圈、焦距及镜头到被摄主体的距离是影响景深的 3 个重要因素。光圈越大（光圈值越小），景深越浅（背景越模糊）；光圈越小（光圈值越大），景深越深（背景越清晰）。镜头焦距越长，景深越浅；反之，景深越深。被摄主体离镜头越近，景深越浅；被摄主体离镜头越远，景深越深。

景深的作用主要表现在两个方面：表现画面的深度（层次感）、突出被摄主体。景深能增强画面的纵深感和空间感，如物体在同一水平线上，有规律且远近不同地排列着，呈现出大小、虚实的不同，让画面的空间感、纵深感变得非常强。突出被摄主体，这应该是景深最受人喜欢的作用。当拍摄的画面背景杂乱、主体不突出时，直接拍摄，画面毫无美感，而使用浅景深将背景模糊，便可以有效地突出主体。

3.2.3 拍摄角度的选择

使用手机进行取景时，选择不同的拍摄角度会得到不同的视觉效果，同时带给观众的感受也是不同的，可以调动观众不同的情绪。在拍摄过程中，摄像师要根据需要表达的含义，合理地选择和运用拍摄角度。拍摄角度包含拍摄距离、拍摄方向和拍摄高度 3 个维度。

微课3-4

1. 拍摄距离

拍摄距离是指拍摄短视频时，手机摄像头与被摄主体之间的空间距离。在焦距不变的情况下，改变拍摄距离会影响景别的大小。拍摄距离越远，景别越大，如图 3-36 所示；拍摄距离越近，景别则越小，如图 3-37 所示。

远距离拍摄，可以容纳丰富的场景元素，更好地交代场景信息。贴近被摄主体拍摄时，可以借助"近实远虚""近大远小"的透视关系，拍出细节清晰、主体突出的画面。

图3-36  图3-37

2．拍摄方向

拍摄方向是指手机摄像头与被摄主体在水平面的相对位置，包括正面、侧面和背面，其中侧面方向又可以分为正侧面和斜侧面。不同的拍摄方向具有不同的叙事效果。

（1）正面拍摄。正面拍摄是指手机摄像头在被摄主体的正前方进行拍摄，观众看到的是被摄主体的正面形象。正面拍摄有利于突出被摄主体的正面特征。在表现人物、动物时进行正面拍摄，被摄主体的面部特征、表情、精神状态将被直接呈现给观众，如图3-38所示，有利于表现被摄主体与观众的交流，达到吸引观众注意的目的。

（2）正侧面拍摄。正侧面拍摄是指手机摄像头与被摄主体的正面方向呈90°夹角进行拍摄，有利于展现被摄主体的侧面轮廓，如图3-39所示。从正侧面方向拍摄人物有其独特之处。一是有助于突出人物正侧面的轮廓，表现人物面部轮廓和姿态。拍摄人与人之间的对话情景时，若想在画面中展示双方的神情、彼此的位置，可以使用正侧面拍摄，其常常能够照顾周全，不致顾此失彼。二是正侧面拍摄由于能较完美地表现运动物体的动作，显示其运动中的轮廓，展现出运动的特点，所以常用来拍摄体育比赛等以表现运动为主的画面。

图3-38  图3-39

（3）斜侧面拍摄。斜侧面拍摄是指手机摄像头的拍摄方向与被摄主体的正面方向呈一定的夹角，即左前方、右前方及左后方、右后方，但前两者与后两者给人的视觉感受有较大差异，集中体现在"前"与"后"的关系上。斜侧面拍摄有利于展现被摄主体的立体形态，使画面具有较强的立体感，如图3-40所示。

（4）背面拍摄。背面拍摄是指手机摄像头在被摄主体的正后方进行拍摄，可以展示被摄主体的背面特征，如图3-41所示。背面拍摄有时也可用于改变被摄主体、陪体的位置关系。背面拍摄可以使观众产生参与感，使被摄主体的前方成为画面重心。在拍摄人物时，使用背面拍摄，观众将看不到人物的表情，只能根据肢体动作和环境来猜测人物的心理活动，所以背面拍摄能够给人思考和联想的空间，激发观众的好奇心和兴趣。

图3-40

图3-41

3. 拍摄高度

拍摄高度是指手机摄像头与被摄主体在垂直面的相对位置和高度，常见的有 4 种，包括平拍、仰拍、俯拍及顶拍，如图 3-42 所示。

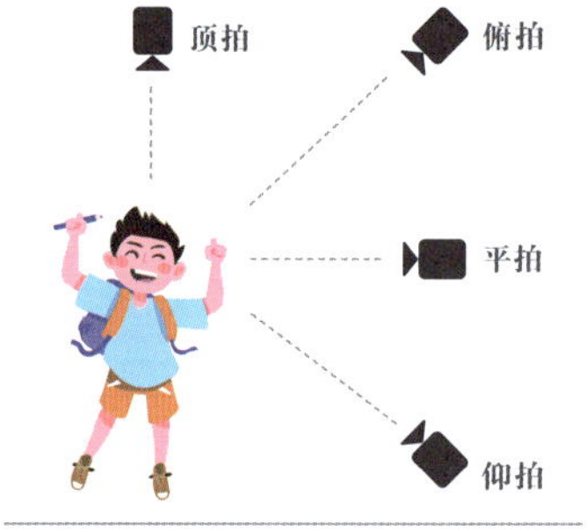

不同的拍摄高度可以产生不同的构图效果，在画面内容的表现上，采取何种高度拍摄，需要根据实际情况来定。

图3-42

（1）平拍。平拍是指手机摄像头与被摄主体保持平行，以真实地还原被摄主体各个部分的比例。平拍符合人的视觉习惯，采用平视角度来拍摄人物或建筑不易变形。图 3-43 所示为平拍的画面效果。

采用平拍拍摄出的画面，给人平静、稳定的视觉感受。但是，平拍的画面空间层次表现较为平淡，通常需要依靠背景环境的布置或道具创造画面的纵深感与层次感。

（2）仰拍。仰拍是指手机摄像头从低处向上对着被摄主体进行拍摄。这种自下而上的大角度仰拍，使被摄主体产生下宽上窄的畸变效果，所以仰视角度越大，被摄主体的变形效果就越夸张，带来的视觉冲击力也就越强。

仰拍时，镜头边缘会出现拉伸变形，受这一特性的影响，在采用低角度拍摄人物时，人物会呈现出较为修长的体态。仰拍建筑的好处是能把建筑物拍得更高，能避开人群的干扰，并且可以很好地利用天空作为背景，能让画面看起来干净、整洁，如图 3-44 所示。

图3-43

图3-44

（3）俯拍。俯拍是指手机摄像头的拍摄位置高于被摄主体，这种拍摄方式可以让更多的元素进入画面，使画面给人一种纵观全局的感觉，如图 3-45 所示。俯拍可以获得更宽广的视野，带来视觉收缩感，适合表现大场景。在采用俯视角度拍摄短视频时，手机离被摄主体的距离越远，所能拍摄到的范围就越大，画面内的景物元素也就越丰富。

（4）顶拍。顶拍是指手机摄像头近似于与地面垂直，从被摄主体上方自上而下进行拍摄。这种取景角度由于改变了观众正常观察事物时的视角，画面各部分的构图有较大的变化，因此会给观众带来强烈的视觉冲击。图 3-46 所示为顶拍的画面。

图3-45　　　　　　　　　　　图3-46

小贴士

用户可以根据叙事的需要选择拍摄高度。以平拍为基准，拍摄时摄像头与被摄主体之间的角度越小，画面造型就越接近日常状态，也越具有客观性；摄像头与被摄主体之间的角度越大，所表达的情绪就越强烈，主观性也越强。

3.2.4　光线位置的设置

光位是指光源相对于被摄主体的位置，即光线的方向和角度。同一被摄主体在不同的光位下会产生不同的明暗效果。常见的光位有顺光、逆光、侧光（前侧光、侧逆光、正侧光）、顶光和底光等，如图 3-47 所示。

图3-47

1. 顺光

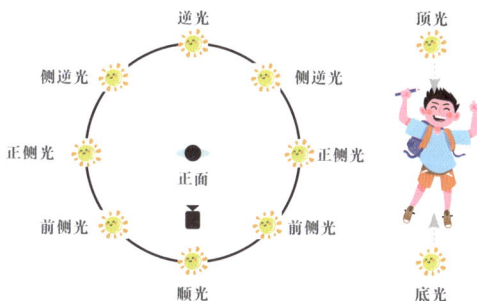

顺光是指从被摄主体的前方照射过来的光线，可以分为正面顺光和侧面顺光两种。顺光时，被摄主体受到均匀照明，景物的阴影被景物自身遮挡住，影调比较柔和，能拍出被摄主体表面的质地，比较真实地还原被摄主体的色彩，如图 3-48 所示。

但是，顺光时，画面色调和影调的形成只能靠被摄主

图3-48

体自身的色阶来营造，画面缺乏层次和光影变化，表现空间立体感的效果也较差，艺术氛围不浓，不过能通过画面中的线条和形状来凸显透视感，从而突出画面的主体。

2．逆光

逆光是指从被摄主体的背面投射过来的光线。逆光时可以拍出朦胧、柔和的光感氛围。另外，逆光拍摄能够清晰地勾勒出被摄主体的轮廓。在逆光的场景下，被摄主体的发丝更明显、更漂亮，身体的边缘线也被呈现出来，整个被摄主体显得更立体，如图3-49所示。

3．侧光

侧光是指从侧面射向被摄主体的光线。侧光能使被摄主体有明显的受光面和背光面之分，产生清晰的轮廓，有鲜明的层次感和立体感。侧光又分为前侧光、正侧光和侧逆光。

图3-49

（1）前侧光。前侧光通常指45°方位的正面侧光。当光线的照射方向与手机的拍摄方向呈45°左右的角度时，该光线被称为45°前侧光。这种光线比较符合人们日常的视觉习惯，同时反差适中的明暗对比也会让画面更有层次感。在人像拍摄中，使用前侧光可以让人物皮肤看起来更加细腻，且脸部会显瘦，如图3-50所示。

图3-50

（2）正侧光。正侧光通常指90°侧光，即光从被摄主体的左侧或右侧照射过来。正侧光非常适合用来表现被摄主体的质感、轮廓、形状和纹理，是拍摄建筑、特殊影调人像和具有纹理的物体的理想光线，如图3-51所示。但拍摄人像时，要注意控制光线，避免将人脸拍成"阴阳脸"。

（3）侧逆光。当光线从被摄主体的后侧方照射过来，与拍摄方向呈135°左右的角度时，这种光线为侧逆光。这种光线让被摄主体阴暗部分较大，受光面积较小，因此具有很强的表现力，如图3-52所示。

图3-51

需要注意的是，使用侧逆光拍摄人像时，会得到清晰的轮廓，但会造成人物面部过暗，因此需要用反光板来进行面部补光。

4．顶光和底光

图3-52

（1）顶光。顶光是指从被摄主体的顶部照射下来的光线。最具代表性的顶光就是正午的阳光，这种光线使凸出来的部分较亮、凹进去的部分较暗，如它会使人物的额头、颧骨、鼻子等凸出的部位被照亮，而使眼睛等凹处下方出现阴影。顶光通常用来反映人物的特殊精神面貌，如憔悴、缺少活力的状态等。顶光常用于拍摄美食类短视频。

（2）底光。底光是指从被摄主体的下方发出的光线，通常用于拍摄透明类产品、电子产品等，也会用来刻画阴险、恐怖、刻板的画面效果。底光更多地出现在舞台戏剧照明中，低角度的反光板、广场的地灯、桥下水流的反光等也带有底光的性质。

3.2.5　运镜方式的巧用

想要拍出有吸引力、有张力的视频，运镜是最基本的技巧之一。视频拍摄的基本运镜方式主要有推、拉、摇、移、跟、甩、升降、环绕等。

微课3-5

1．推镜头

推镜头是指拍摄者向被摄主体的方向推镜头，推镜头能给人逐渐接近被摄主体的视觉感受。由于镜头距离被摄主体越来越近，画面包含的内容就逐渐减少，这样有利于对局部进行重点突出，如图 3-53 所示。

图3-53

2．拉镜头

拉镜头的操作与推镜头正好相反，拉镜头会导致镜头逐渐远离被摄主体。拉镜头有助于展现更多的场景信息，可以强调人与环境之间的关系，如图 3-54 所示。

图3-54

3．摇镜头

摇镜头的过程类似于拍摄全景接片，在实际拍摄时，手臂要保持稳定，然后慢慢地从画面一侧移动至画面的另一侧，如图 3-55 所示。

摇镜头分为两种方式：一种是在手持手机时，拍摄者站立不动，通过手臂的左、右移动来切换场景；另一种是拍摄者手臂保持不动，通过平移脚步来切换场景。

图3-55

4. 移镜头

移镜头是指手机镜头慢慢朝着某一方向移动，在移动的过程中最好保持同一方向、角度和速度。无论被摄主体是固定不动还是处于运动之中，因为镜头的移动，画面背景在连续的转换中总是变化的。例如，图 3-56 所示为自上而下移镜头的效果。

图3-56

5. 跟镜头

跟镜头要求拍摄者跟随被摄主体一起运动，从而保证拍摄者与被摄主体之间的距离保持不变，而周围的场景是在不断变化的。跟镜头大致可以分为前跟、后跟（背跟）、侧跟 3 种情况。例如，图 3-57 所示为拍摄者由后跟转为前跟的画面。

图3-57

6. 甩镜头

甩镜头是指快速移动拍摄设备，将镜头急速"摇转"向另一个方向，从一个静止画面快速甩到另一个静止画面，中间影像模糊，变成光流，这与人们的视觉习惯是十分类似的，可以强调空间的转换和同一时间内在不同场景中所发生的事情。甩镜头常用于表现人物视线的快速移动或某种特殊视觉效果，使画面有一种突然性和爆发力，如图 3-58 所示。运用甩镜头拍摄时应先考虑甩镜头与前后镜头的衔接，再来决定甩镜头的方向和时长。

图3-58

7．升降运镜

升降运镜借助升降装置或手臂的上下移动来改变取景内容。升降运镜可以是自上而下的运镜，也可以是自下而上的运镜。图 3-59 所示为自上而下的运镜。

图3-59

8．环绕运镜

环绕运镜要求拍摄者围绕被摄主体呈弧形移动运镜。这种运镜可以让场景的变换更有立体感，同时也可以从不同的角度来突出人物。环绕运镜时犹如观众巡视被摄主体，能够突出被摄主体、渲染情绪，使整个画面具有张力。

环绕运镜时要保持手机平滑、稳定地移动，并尽量保证手机与被摄主体之间相对等距，如图 3-60 所示。

图3-60

📖 **小贴士**

在实际拍摄短视频的过程中，摄像师常常采用复合运动镜头，以展现丰富多变的画面效果。复合运动镜头是指在一个镜头中将推、拉、摇、移、跟、甩、升降等运镜方式有机地结合起来进行拍摄。复合运动镜头的运动方式多种多样，如推-摇、拉-摇、跟-拉、跟-升等。例如，在拍摄人物走路的镜头时，在跟镜头的同时升镜头。

3.2.6 尺寸和格式的设置

如果发布到网络中的短视频模糊不清，即使内容再精彩，也会严重影响用户的观看感受，从而无法获得用户的喜爱。因此，在拍摄短视频时，需要通过设置短视频的尺寸和格式来保证画面质量。

微课3-6

1. 尺寸

短视频中的尺寸通常用分辨率来体现，在观看视频的时候，一般都会有清晰度选择，如高清、4K 等，这里指的就是视频的分辨率。使用手机拍摄视频时，常用的就是 4K 和 1 080 p 的分辨率。分辨率是屏幕图像的精密度，是指显示器所能显示的像素，通常用像素点的数量来表示。4K 视频的分辨率大小为 3 840 像素 ×2 160 像素，而 1 080 p 视频的分辨率则是 1 920 像素 ×1 080 像素。通常视频的分辨率越高，视频的画面越清晰，所以 4K 视频比 1 080 p 视频更清晰。

手机拍摄分辨率的选择，可以由拍摄内容而定。如果拍摄内容不多，就可以选择 4K 拍摄。但是 4K 拍摄会占用大量的存储空间，后期剪辑时，过大的 4K 视频很容易造成剪辑软件卡顿甚至崩溃，所以说 4K 分辨率更适合拍摄较短的视频。如果视频背景简单，光线又充足，那么推荐选择 1 080 p 分辨率，这样存储空间和剪辑的压力也没那么大。

2. 格式

视频格式种类繁多，比较常见的包括 AVI、WMV、MKV、MOV、MP4、RMVB、MPG 和 FLV 等。在实际应用的过程中，使用不同的拍摄设备拍摄的短视频格式存在差异，但都需要转换成短视频平台所支持的格式。例如，抖音短视频平台主要支持 MP4 和 MOV 格式的视频。

3.2.7 对焦与曝光的设置

使用手机拍摄视频时，很重要的一点就是设置对焦与曝光。下面分别进行介绍。

微课3-7

1. 对焦

对焦是指拍摄前调整好焦点距离，也叫对光、聚焦，是拍摄前必须要进行的一项操作。对焦会使对焦框所在的画面区域呈现非常清晰的状态，而其他区域则会不那么清晰。

手机拍摄视频的对焦方式有自动对焦和手动对焦。自动对焦是指打开相机进行拍摄时，手机会自动判断被摄主体，一般情况下将手机对准被摄主体即可自动识别并对焦。如果自动对焦无法满足需求，则可以进行手动对焦。用手指轻触屏幕会出现一个白色对焦框（有的手机中对焦框是黄色，可能是圆框或方框），如图3-61所示，对焦框的作用是对其框住的画面进行自动对焦。

如果对拍摄有特殊需求，可以进入专业模式调整。在拍摄界面下方选择【专业】选项，然后点击录像图标，再点击下方的【AF】按钮，可以看到3种对焦方式，如图3-62所示。

2. 曝光

手机拍摄的视频画面的亮度与环境的亮度没有直接关系，视频画面的亮度是由手机相机的曝光值决定的，手机相机通过测光系统对拍摄画面进行测光分析。

曝光补偿是一种曝光控制方式，如果拍出的画面太亮或者太暗，可以通过调整曝光值达到合适的明暗效果。具体表现为：在手机普通录像模式下，点击画面中的被摄主体可自动进行测光，然后拖动对焦框旁的小太阳图标即可调节曝光值。将曝光值往负方向（即向下）调节，画面就会变暗，如图3-63所示；往正方向（即向上）调节，画面就会变亮。

在手机专业录像模式下，点击【EV】按钮，如图3-64所示，拖动滑块调整EV值，也可以调节曝光值。【EV】按钮右上角带点，表示该功能可以进行锁定，因此也可以长按锁定曝光值或EV值，当再次长按时即可解除锁定。

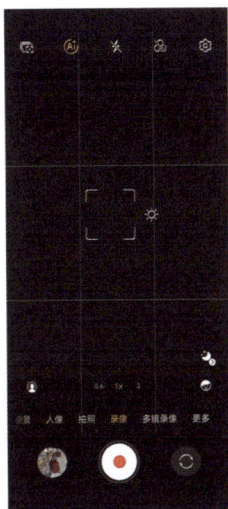

图3-61

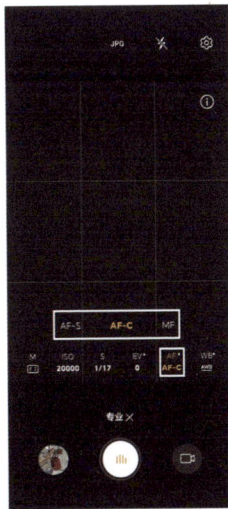

图3-62

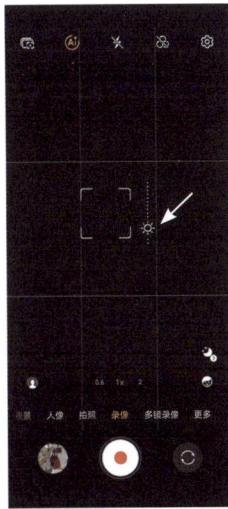

图3-63

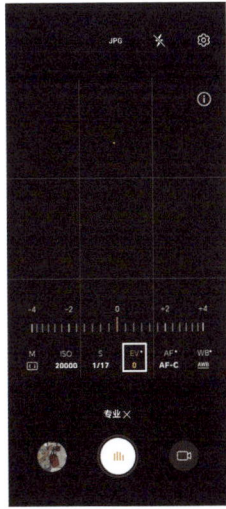

图3-64

素养课堂　　　　　　　　**提高审美素养**

短视频发展初期相对缺乏规范，很快便涌现出大量问题。我们可以看到，高质量的短视频虽然存在，但问题短视频也不在少数。短视频平台奉行流量为王、用户至上，为了获得更多流量，其内容生产有时难免流于形式、娱乐化。造成网络短视频内容不佳的原因，主要是一些短视频制作者的思维狭隘、审美水准不高。

美育的目的在于使人陶冶情操，认识美丑，培养高尚的兴趣，树立积极进取的生活态度。美的事物对人有一种天生的吸引力，任何一个想要学好手机短视频拍摄的人，都必须具备一定的审美素养。为了提高审美素养，我们可以主动去学习一些美术知识，掌握一些构图技巧，多看优秀的电影或短视频作品，这些对提升自身的审美能力是很有帮助的。

3.3　短视频拍摄的进阶技巧

掌握了前面介绍的拍摄技巧后，可能很多人依旧对拍出来的短视频不是很满意。在此基础上，短视频创作者可以根据拍摄设备的情况，掌握短视频拍摄的进阶技巧，为拍出满意的短视频作品打下良好基础。

微课3-8

3.3.1　使用手机拍摄短视频的技巧

1. 做好拍摄前的准备工作

在拍摄之前，需要检查一下手机的电量与内存，可以带上一个充电宝，还要设置好手机拍摄视频的分辨率与帧率。同时，也需要做好拍摄计划，尽可能把所有事情先计划好，如拍摄地点、用时、构图、运镜方式等，提高拍摄效率，避免浪费时间。

2. 灵活运用横、竖屏拍摄

如果制作完成的短视频要上传到哔哩哔哩等平台，那么竖屏拍摄的画面布局和比例会给人一种不舒服的感觉，影响观看体验，因此建议用横屏拍摄。如果要将短视频上传到抖音、快手等平台，则采用竖屏拍摄会带来更好的观看体验。拍摄之前，创作者要先想好在哪个短视频平台发布作品，然后再灵活运用横、竖屏拍摄。

3. 寻找有创意的角度

在众多短视频的冲击之下，想要让自己的短视频脱颖而出，可以多采用一些独特的角度来拍摄有趣的画面。例如，在比较低的地方或者在楼顶等高的地方进行拍摄，可能会获得不一样的效果；在拍摄主体时，在前景中加一些小物体，如一朵花或者一片树叶，会让画面看起来不那么沉闷。

4．保持画面稳定

一个好的视频可以获得较高的播放量和点赞量，而制作一个好视频最基础且关键的就是要保持画面的稳定与清晰。如果画面抖动严重，观众的观看体验会很差。现在很多手机都有防抖功能，建议在拍摄视频的时候打开防抖功能，同时在移动拍摄的过程中将手肘紧靠在身体两侧，这样拍出来的视频画面会更稳定。在固定机位时，三脚架是较好用的辅助工具之一。

5．提高音频质量

不好的音频会影响视频质量。使用手机自带的话筒录制声音，人声和环境音会被同时收录到话筒中，这样人声就可能会显得较弱，容易与环境音混为一体。若想提高收音质量，在拍摄时，最好使用外置话筒单独收音，如使用指向性话筒。

3.3.2　手机隐藏的视频拍摄功能

1．慢动作

拍摄慢动作视频实际上是拍摄高帧率的视频，如 120 帧 / 秒、240 帧 / 秒，然后利用手机的低刷新率实现慢动作效果。例如，拍摄 120 帧 / 秒的视频，如果手机的刷新率为60Hz，那么视频就会以慢一半的速度进行播放。（注：手机的刷新率是指每秒显示静态图像的次数，通常手机的刷新率为 60 ～ 120Hz。）手机的慢动作拍摄界面如图 3-65 所示。

2．延时摄影

延时摄影也叫缩时摄影，它与慢动作的实现过程相反，是以较低的帧率拍摄视频，然后用正常或较快的速度进行播放，这样就可以将长时间运行的物体压缩到几分钟或几秒内播放，呈现出快速运动的画面效果。延时摄影常用于拍摄风云变幻的天气、川流不息的城市街头等场景。用手机进行延时摄影的界面如图 3-66 所示。

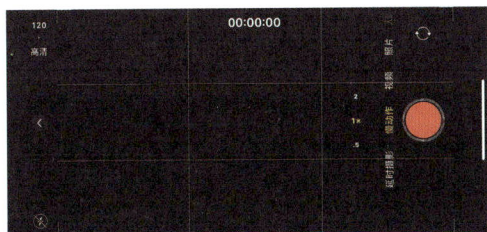

图3-65

图3-66

3.3.3　使用微单相机/单反相机拍摄短视频的技巧

1．注意微单相机／单反相机的内存及电池

　　拍摄短视频之前，我们需要明确短视频的主题和内容，大概知道拍摄的时长和占用的内存，这样我们才能知道要用多大的存储卡。尤其是在拍摄商业短视频时，如果因为内存不足或者电池没有电而耽误拍摄时间，会造成一些麻烦。所以在拍摄短视频之前，我们需要把电池充满电，同时要保证存储卡内存足够。

2．设置合适的短视频录制格式和尺寸

　　很多初学者经常拿起相机就开始拍摄，并没有提前设置相关参数，拍完之后才发现短视频画面尺寸不对，需要重新拍摄，这样会给后续工作带来一些麻烦和问题。在没有特殊要求的前提下，我们通常选择"1080p 25fps"的分辨率和帧率。

3．使用 M 挡曝光模式

　　使用微单相机／单反相机拍摄短视频时，建议使用相机的 M 挡，手动设置曝光模式，这样更方便单独控制快门、光圈、感光度等参数。如果选择自动模式，在一些明暗变化较大的场景下，短视频画面会忽明忽暗，影响观看体验。

4．手动调节白平衡

　　由于拍摄短视频时背景环境可能会有较多的变化，使用自动白平衡会出现每个短视频片段画面颜色不一致的问题，所以我们需要手动调节白平衡及色温值（K 值）。手机中的"色温"功能可以用于调节画面色调的冷暖，色温值越高，画面越暖，越偏黄色；色温值越低，画面越冷，越偏蓝色。一般情况下，将色温值调到中性值 4 900 ～ 5 300 即可，这个范围适合大部分的拍摄题材。

5．手动对焦

　　拍摄短视频时的一大难点便是控制对焦。如果选择自动对焦，在拍摄短视频的过程中很容易出现脱焦、对焦错误等，造成已拍摄好的短视频使用不了。所以最好选择手动对焦。

6．提高录音质量

　　一个好的短视频不仅要画面清晰、美观，还要保证录音质量。大多数微单相机／单反相机的内置话筒的收音效果不尽如人意，所以最好购买一支可以安装在热靴上的话筒，再配合

相机的手动录音功能，可以大幅提升微单相机／单反相机的录音质量。如果在户外进行短视频拍摄，建议开启风声抑制功能，降低风噪。如果对录音的实时监听有较高的要求，建议购买带有耳机监听接口的机型，可以通过耳机实时监听录音效果。

3.3.4　无人机航拍的技巧

无人机航拍是当下比较流行的一种视频拍摄方式，它可以完成全景、俯瞰等镜头的拍摄。掌握好无人机航拍的技巧，可以让我们的空中素材脱颖而出。以下是无人机航拍的常用技巧。

1. 低空飞行

我们都知道在高空拍摄时，无人机飞得越高，画面容纳的范围越大。因此多数人可能认为，无人机飞得越高越好，这在理论上来说是正确的。

但如果我们想更详细地展示物体，有时候低空飞行甚至是贴地飞行，能呈现不一样的效果。低空飞行时，可以拍摄更多的细节，并能把更好的动感画面呈现出来，创造身临其境般的体验。这是高空拍摄所不能达到的效果。

2. 越景观飞行

当无人机飞越较大的景观元素，如山峰、树林、建筑等时，可以把这些物体当作前景。这样可以增加运动的深度（即观众在视频中感受到丰富的层次或明显的位置变化），在视觉上产生很好的转折效果，使视野有瞬间开阔的感觉。

3. 侧向飞行

使用无人机拍摄时，想要从不同的角度来展示周围景观，可以使用侧飞镜头。通过侧向或者斜向飞行，侧面拍摄目标和目标环境，可以显示拍摄目标背后的景观。

4. 向后拉远飞行

这种拍摄方法一般用于片尾，交代全景的时候，常被用来展现壮观的景色或场景。其特点是从一个中心点的位置向后退去，使视野逐渐变大。通过逐渐拉远的镜头，观众可以感受到画面中元素大小和距离的变化，从而产生一种身临其境的感觉。

> **小贴士**
>
> 侧向飞行和向后拉远飞行都是经典的拍摄方法，但同时也存在较大的风险，在拍摄前要观察侧方和后方是否有障碍物。如果是长距离飞行，还可以观察地图，根据飞行轨迹来判断是否安全。

5. 环绕飞行

环绕飞行是高空拍摄时的经典拍摄方法，常被用于拍摄标志性的建筑，如城市地标、大型雕塑、塔、城堡等。围绕目标建筑拍摄，可以给作品增添视觉冲击力。

6. 结合不同的轴运动飞行

如果想让作品从众多航拍作品中脱颖而出，那么只向前或向后移动进行拍摄是不够的，这时可以尝试进行轴运动的不同组合，以增加视频素材的深度。例如，可以让无人机在向上飞行的同时向后飞行，或在向上和向前飞行的同时侧向飞行。

> **📋 小贴士**
>
> 想让无人机航拍作品从众多作品中脱颖而出，除掌握基本的航拍技巧外，可能还需要足够的创造力，去捕捉一些独特或有意义的场景，让镜头更有创意。
>
> 选择一个创新的角度来拍摄，如可以通过高大建筑的玻璃外墙，拍摄或体现出另一个拍摄主体，这样会使作品更加吸引人。

▌3.4 实战案例指导：设置手机的分辨率并对焦拍摄

手机上的相机可以自由设置分辨率，满足各种拍摄需求。下面以安卓手机为例，介绍手机分辨率的设置方法并实现对焦拍摄。

（1）打开手机【相机】，点击界面右上角的设置按钮，如图3-67所示。

（2）进入【设置】界面，在【视频】组中选择【视频分辨率】选项，如图3-68所示。

（3）弹出【视频分辨率】界面，点击需要的分辨率，如[16：9]1080p（推荐），如图3-69所示。

（4）返回拍摄界面，选择【录像】功能，对准被摄主体后，在需要对焦的位置点击屏幕，即可出现白色的对焦框，这就是画面的对焦点，对焦完成后点击界面下方的开始拍摄按钮即可，如图3-70所示。默认情况下，手机为自动对焦状态，在拍摄时焦点会随环境与被摄主体的变化而发生位置的改变。

图3-67

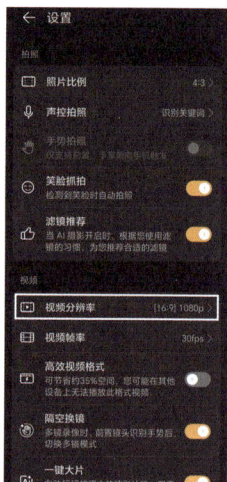

图3-68

图3-69　　　　　　　　图3-70

实训1：使用手机自带相机拍摄美食制作类短视频

【实训目标】

本章介绍了短视频的拍摄工具和技巧等内容，下面以苹果手机为例，介绍使用手机自带相机拍摄美食制作类短视频的具体操作思路。

【实训思路】

（1）在手机中设置拍摄短视频的尺寸和大小。

在手机主界面中点击【设置】图标，打开【设置】界面，在其中选择【相机】选项，如图3-71所示。打开【相机】界面，在其中选择【录制视频】选项，如图3-72所示。打开【录制视频】界面，在其中可以设置拍摄短视频的参数，这里选择【1080p HD，60fps】选项，如图3-73所示。

图3-71　　　　　　　　图3-72　　　　　　　　图3-73

（2）打开手机【相机】，然后点击【视频】按钮，进入视频拍摄界面，将镜头对准要拍摄的美食，再点击拍摄屏幕的中间位置，将出现一个黄色方框，用于拍摄对焦，接着上下拖动方框右侧太阳形状的滑块，调整镜头的曝光值，如图 3-74 所示。对焦后进行拍摄即可。在条件允许的情况下，尽量多拍摄一些短视频作为素材，方便后期剪辑使用。需要注意的是，如果拍摄时没有固定手机，则需要在每次拍摄前进行对焦，并进行曝光值的设置。

图3-74

实训2：使用手机拍摄慢动作视频

【实训目标】

以安卓手机为例，使用手机自带相机拍摄一段慢动作视频。

【实训思路】

（1）打开手机【相机】，选择【更多】选项，点击【慢动作】按钮，如图 3-75 所示。

（2）进入慢动作拍摄界面，如图 3-76 所示，点击开始拍摄按钮拍摄一段视频。

（3）在手机图库中找到并打开拍好的视频，点击界面右上角的⊖按钮，如图 3-77 所示。

（4）进入【慢动作调节】界面，拖动下方慢动作片段两端的调节按钮可调整慢动作区间，调整完成后点击界面右上角的【√】按钮即可，如图 3-78 所示。

图3-75

图3-76

图3-77

图3-78

思考与练习

一、选择题

1. （多选）以下属于手机拍摄短视频的优势的有（　　　）。
   A. 轻便灵活　　B. 操作智能　　C. 续航能力强　　D. 编辑便捷

2. （单选）（　　）适合拍摄花卉昆虫、珠宝古玩、水珠、五官等。
   A. 超广角镜头　　B. 微距镜头　　C. 长焦镜头　　D. 一般广角镜头

3. （单选）（　　）可以帮助用户在无须触摸屏幕的情况下按下快门，轻松实现远程控制。
   A. 手机支架　　B. 三脚架　　C. 遥控器　　D. 以上都可以

二、填空题

1. 目前市面上比较常见的外接镜头主要有（　　　）、（　　　）、（　　　）和（　　　）4 种。

2. 常用的手机稳定器有（　　　）、（　　　）、（　　　）及（　　　）。

3. （　　　）是将画面平分为三等份，然后将要表现的主体元素放在任意一条分割线上的构图方法。

三、判断题

1. 中心构图法是将画面分为轴对称或者中心对称的两部分的方法，可以给观众平衡、稳定和安逸的感觉。（　　　）

2. 摇镜头是指快速移动拍摄设备，将镜头急速"摇转"向另一个方向，从一个静止画面快速甩到另一个静止画面，中间影像模糊，变成光流。（　　　）

3. 被摄主体离镜头越近，景深越浅；被摄主体离镜头越远，景深越深。（　　　）

四、简答题

1. 简述视频分辨率的定义及手机拍摄时的分辨率选择方法。

2. 简述不同拍摄高度的拍摄效果。

3. 简述无人机航拍的常用技巧。

五、实操题

1. 利用五大景别拍摄一组人物文艺短片。

2. 利用不同的运镜方式拍摄一段旅行 Vlog。

第 4 章

剪映剪辑基础

学习目标

1. 了解短视频剪辑的基本流程
2. 熟悉短视频剪辑的原则与注意事项
3. 掌握短视频剪辑的方法与技巧
4. 了解并熟悉剪映

素养目标

1. 培养学生吃苦耐劳的精神
2. 培养学生做事的原则性

引导案例

　　拍电影时一个场景至少要拍7遍；最好的一条，可能也只会用1/5，因为还要从不同角度、距离或高度拍摄同一个场景或动作。这么算来，一个90分钟的电影至少要拍90×7×5=3150（分钟）。这还不算多机位，特效电影拍摄时同时五六个机位都有可能，假设其他机位加起来只有A机的拍摄时间那么久，那也要6 300分钟。这样看来，一部105个小时的电影，演员一句台词要说7遍，说完了换各种角度拍摄再说几遍。这样无剪辑的"实验电影"，你会去看吗？

　　剪辑的目的主要是达成一种叙事的逻辑，拍摄的时候并不按时间线进行，需要剪辑师后期在庞大而复杂的素材中整理并设计出来，形成一种富有节奏、突出主题的叙事模式。这样一来可以提升作品本身的价值，二来也能让观众更好地去理解你想要表达的东西，从而投入你的作品中去。所以在运用相同素材的情况下，一个剪辑优秀的作品往往会出类拔萃，吸引更多人去关注。

思考题：

1. 结合案例内容，分析视频剪辑的意义。
2. 你使用过剪映来剪辑视频吗？分享一下你的使用感受。

4.1　短视频剪辑的基本流程

短视频拍摄完成后，需要经过后期剪辑才能成为优质的短视频。短视频后期剪辑的一般流程如下。

微课4-1

4.1.1　采集素材并分析脚本

首先将前期拍摄的视频影像素材文件保存到计算机（手机）上，或者将素材文件直接复制到计算机（手机）上，然后整理前期拍摄的所有素材文件，并编号归类为原始视频资料，便于剪辑过程中查找和使用。如果没有提前做好素材管理，在剪辑过程中就很难快速对素材进行检索、定位和筛选，可能会浪费大量时间查找素材。

在归类整理视频影像素材文件的同时，需要对准备好的短视频文字脚本和分镜头脚本进行仔细且深入的研究，从主题内容和画面效果两个方面进行深入分析，以便为后续的剪辑工作提供支持。

4.1.2　剪辑视频

审查全部的原始视频资料，从中挑选出内容合适、画质优良的视频资料，并按照短视频脚本的结构顺序和编辑方案，将挑选出来的视频资料组接起来，构成一个完整的短视频。

对粗剪的短视频进行反复观看并仔细分析，在此基础上精心调整有关画面，包括剪接点的选择，每个画面长度的处理，整个短视频节奏的把控，音乐、音效的设计，以及被摄主体形象的塑造等，按照调整好的结构和画面将原视频制作成新的短视频。

4.1.3　合成并输出短视频

各个视频片段精剪完成后，为短视频添加字幕、添加解说配音、制作片头片尾等。然后将所有素材全部合成到视频画面中，完成最终短视频作品的制作。

剪辑完成后，创作者可以采用多种形式输出完成的短视频，并将其上传到短视频平台进行曝光推广。目前，短视频的输出格式大多为 MP4 格式，创作者根据短视频平台要求的格式输出短视频即可。

小贴士

短视频素材管理是剪辑过程中很容易被忽略的一个环节，除了素材分类外，其中很重要的一点就是对已有的各种素材进行备份，并保持对整个剪辑项目的实时保存和备份。一般剪辑软件都具备自动保存的功能，每隔一定时间就会对工程文件进行自动保存和备份。

4.2　短视频剪辑的原则与注意事项

4.2.1　短视频剪辑应遵循的3个原则

剪辑短视频需要遵循一定的原则，主要包括以下内容。

微课4-2

1.　注重情感表达

短视频的质量与其情感表达关系密切。不仅情感色彩浓烈的短视频要注重情感表达，任何短视频都有其外在或内在的情绪。

例如，新闻类短视频虽然以一种客观的角度传递信息，但字里行间都能透露出这则新闻的内在情感。图4-1所示为《人民日报》短视频账号发布的短视频，某92岁老人过马路时不慎摔倒，骑车路过的女子立即停车上前帮忙，没有丝毫犹豫，另一名路过的女子也上前帮忙。这两名女子的热心与善良，引起了观众的强烈共鸣，起到了很好的模范作用。很简单的一则新闻，在注入情感表达后，更容易获得观众的喜爱。

所以，剪辑短视频时，需要为原有素材注入更加丰富的情感色彩，同时要注意确认每个镜头的运用、切换是否能够表达情感，是否有利于准确地传达情绪。

2.　故事情节精彩

故事情节是短视频的关键组成要素，它决定了短视频的内容是否流畅、高潮点能否引发用户的好奇心等。不管是什么类型的短视频，都需要以故事情节精彩为剪辑原则。

故事作为一种表达方式，常和其他垂直类别的短视频相结合（如故事＋美食、故事＋旅游、故事＋娱乐），这类短视频往往能取得不错的传播效果。图4-2所示为"故事＋旅游"的短视频示例。

图4-1　　　　　　图4-2

小贴士

有的短视频可能并不容易挖掘出一个有内容的故事，那么就需要剪辑人员把控内容节奏，删减不能构成故事和推进情节发展的素材，留下有价值的素材，将其组合成一个精彩的故事。

3．把控剪辑节奏

短视频虽短，但也是有一定节奏感的。短视频的节奏感就像一首音乐的旋律节奏或一部小说的情节节奏一样，讲究轻重缓急、抑扬顿挫，这样才能带动观众的情绪，提升其体验感。

剪辑节奏主要包括两个方面，一个是内容节奏，另一个是画面节奏。内容节奏主要是指剧情类短视频需要根据剧情发展来确定内容的叙述速度和节奏变化。在剪辑这类短视频时，要当机立断，删除冗长、多余的人物对白和画面，留下对剧情发展有帮助的精华内容，以免节奏过于拖沓。但也不要为了过分追求精简而大篇幅删减镜头，否则容易造成重要内容丢失，导致剧情发展不连贯、太跳跃等。

短视频的画面节奏一般都是通过将画面与背景音乐相结合来进行剪辑营造的。在剪辑音乐类短视频时，需要根据音乐的节奏来确定画面的节奏。简单来说，就是在背景音乐的重音时将画面进行剪切过渡（切镜头），做到舒缓有致。在剪辑这类短视频时，要注意使镜头切换的节奏与音乐变换的节奏相同，从而给观众带来视觉与听觉的双重享受。

4.2.2 短视频剪辑的4个注意事项

剪辑短视频时应注意以下 4 个事项，以保证剪辑出的短视频给人流畅的观看体验。

微课4-3

1．统一画面重点

在户外拍摄的短视频，同一场景中的人物可能会有很多，在剪辑时切换镜头的画面就会混乱，无法找到重点。遇到这种情况通常可以运用两种方法进行处理。一种是将画面重点始终放在相似位置，即被摄主体始终处于画面中的固定位置，便于观众快速寻找画面重点。另一种是以人物视线为主，当人物作为被摄主体时，可以将人物的眼睛（视线）作为画面重点，在适当范围内剪裁画面，保证观众能够在某个固定的区域内找到重点。

2．统一运动方向

在衔接镜头时，要符合惯性和常规逻辑，保证动作的连贯性，让前后镜头及整个故事的表达顺畅且完整。如果两个画面中的被摄主体以相似的速度向相同的方向运动，那么剪辑人员可以将两个镜头衔接在一起，使两个画面完美衔接。例如，第一个镜头是一个年轻人换好运动服出门，下一个镜头是该人物向相同方向跑步，这两个画面中的被摄主体都是这个年轻人，且以同样的运动方向进行拍摄，那么将两者剪辑在一起时，会形成一个自然的转场，呈现出一气呵成的效果。

3．结合相似部分

将两个截然不同的镜头自然地衔接在一起，能够为短视频画面增添不少美感。其秘诀在于，两个看似不同的画面，实则存在相似的元素，剪辑时需要找到镜头中相关联的部分元素，将两者完美结合。画面的关联处可以是相同或相似的运动轨迹，也可以是相同或相似的元素或道具。无论是运动镜头，还是静止镜头，只要剪辑人员能找到两者中相关联的元素，就能将其自然衔接。例如，走下楼梯和进入电梯是两个不同的场景，但两者有着相似的运动状态和逻辑关系，那么剪辑人员就可以将这两个镜头结合在一起，使画面看起来连贯而流畅。

4．统一画面色调

有句话说的是"无调色，不出片"，可见调色对视频的重要性。对视频画面进行色调的调整，会无形中增强视频画面的表现力和感染力，改变视频的意境、氛围，给观众带来不一样的视觉感受。调色是短视频剪辑中经常会用到的剪辑技巧，在调整多个画面的色调时，要使每个画面的色彩都与短视频的整体画面风格相符，切勿把色调完全不同的素材拼接在一起。色调的转换，需要人的视觉系统快速做出反应，频繁更换色调不仅会使短视频画面看起来突兀，而且会影响观众的观看体验。

■ 素养课堂　　　　　　　　**做事有原则**

做事有原则，是一个人的立身之本。有了原则，才能知道怎样做不好，怎样做才能更好。

凭借高标准做事的原则，可以了解自己所做事情的进度，从而指导自己的行为，使自己因所做之事获得成功，进而实现自己的人生价值。公司因为有制度，才得以顺利运营；社会因为有法律，才得以秩序井然。

试想一下，如果一个人做事没有任何规则、没有任何标准，或者做事标准很低，那么他多半无法把事情做好。如果不能把日常生活、工作中的一件件小事做好，又何谈立身、何谈人生抱负呢？

我们做人也要有原则，并且要始终坚守自己的原则，约束好自己，规范好自己的言行，无论做什么事都应做到问心无愧。这是原则，也是底线，更是操守。

▌4.3　短视频剪辑的方法与技巧

4.3.1　短视频剪辑的常用方法

短视频剪辑并不是简单地把不要的部分剪去，把要用的部分连接起来。短视频剪辑讲究创意性，需要在短时间内使短视频达到出人意料的效果。想要达到这种效果，可以使用以下 10 种常用方法。

微课4-4

1. 动作顺接

动作顺接剪辑是指在角色运动时仍然切换镜头的剪辑方法。剪辑点可以根据运动方向切换或者可以在人物转身的简单镜头中切换。

例如，画面中的人物正在抛掷物品时，或者穿过一道又一道门时，镜头瞬间切入下一个画面。采用这样的转场能很自然地将人物与下一个画面中的环境连接起来，展示出人物动作交集的画面，营造一种自然、连贯的氛围，带给观众非凡的视觉体验。

2. 交叉剪辑

交叉剪辑是指在同一时间、不同空间的两个或多个场景间来回切换的剪辑方法，以通过频繁来回切换来建立角色之间的联系。

适当采用交叉剪辑方法，可以通过镜头带来的节奏感为短视频画面增加张力，制造悬念，表现人物内心的复杂情感，从而营造紧张的氛围，带动观众情绪。在剪辑惊悚类、悬疑类短视频时，采用这种剪辑方法能够呈现出追逐和揭秘的画面效果，令短视频具有戏剧化效果。例如，在影视剧中，大多数打电话的镜头一般使用了交叉剪辑。

3. 跳切剪辑

跳切剪辑是指对同一镜头进行剪接，属于一种无技巧的剪辑方法。它与普通的剪辑方法不同，打破了常规状态下镜头切换时需要遵循的时空和动作连贯的要求，仅以观看角度的连贯性为依据进行较大幅度的跳跃式镜头组接，突出某些必要的内容。

对同一场景下的镜头进行不同视角的跳切剪辑，可用来表现时间的流逝。跳切剪辑也可以用于关键剧情和镜头，以增强镜头的迫切感。

4. 跳跃剪辑

跳跃剪辑是一种有着突发性效果的剪辑方法，常用于突然打破前一场景的情绪的镜头。影视剧中许多表现人物从噩梦中惊醒的画面，使用的就是这种剪辑方法。电影行业中也有许多热衷于使用跳跃剪辑的导演。此外，从一个激烈的大动作画面转至安静缓和的画面，或由安静画面到激烈画面的转换，也可以采用跳跃剪辑。

因此，短视频创作者可以使用这种剪辑方法制作短视频。拍摄简单的生活场景，在添加滤镜之后利用跳跃剪辑就可以塑造画面的高级感。

5. 叠化剪辑

叠化剪辑是指将一个镜头叠加到另一个镜头上，逐渐降低上一个镜头的透明度，从而形成叠化的效果，它是一种比较简单、易操作的剪辑方法。

叠化剪辑跟跳切剪辑一样，也可以表现时间的流逝。除此之外，还可以展现人物的心理活动或想象，以及过渡至平行时空的剧情事件等。在一些风景和人物的过渡镜头中使用叠化剪辑，时常会收到令人意想不到的效果。除了不同镜头的叠化外，也可以对同一个镜头进行叠化剪辑处理。

6. 匹配剪辑

匹配剪辑是连接两个画面中被摄主体动作一致或构图相似的镜头的一种剪辑方法。匹配剪辑通常被错误地认为是跳切剪辑，但是二者是不同的，匹配剪辑常用于转场。在两个场景中，当被摄主体相同并且画面需要表现两个场景之间的联系时，可以运用匹配剪辑达到连接两个画面的效果，这会在视觉上给人非常炫酷的奇妙感受。

要注意的是，匹配剪辑不仅可用于动作状态的转换，还能用于台词的衔接。例如，两个人在说同一段话时，根据语言顺序交替剪辑，会使画面更加具有紧凑感。

7. 平行剪辑

平行剪辑是指将不同时空或同时间、不同空间发生的两条或多条故事线并列表现的一种剪辑方法。即分头叙述内容的不同部分，将其统一呈现在一个完整的结构中。

在影视剧中，平行剪辑常用于高潮片段，每条故事线虽然独立发展，但观众在观看时会不自觉地产生疑问，思考反复交替出现的两条或多条故事线之间有何联系，接下来的剧情将往何处发展。在短视频创作中使用这种剪辑方法，能够将观众带入剧情当中，增强内容的吸引力。

8. 淡入 / 淡出剪辑

淡入 / 淡出剪辑是指镜头从模糊到进入全黑画面中或从全黑画面淡出，是十分简单的一种剪辑方法。淡入 / 淡出剪辑在影片中常用于制作转场效果，一般用于某个情节的开头或者结尾。常见的是电影开场，全黑的画面中，音乐或者台词先出现，再慢慢浮现出清晰的场景。

9. 隐藏剪辑

隐藏剪辑是指利用阴影或遮挡物，营造画面仍处于同一镜头的假象的剪辑方法。隐藏剪辑时，剪辑点被藏在镜头的快速摇动里，也就是在镜头运动中转场，或者利用穿过画面或离开镜头画面的物体衔接镜头。例如，人物正在街边从左往右走，画面中经过一辆汽车，下一画面就是另一个行走的人物。这一镜头利用了运动的汽车作为遮挡物，使剪辑点不易被发现，达到一种连贯的画面转换效果。

10. 组合剪辑

剪辑人员需要根据短视频的剧情发展及主题，灵活地运用各种剪辑方法，将它们富有创造力地组合在一起，这会让短视频更有特色，如"交叉剪辑＋匹配剪辑""叠化剪辑＋跳切剪辑"等组合。

采用不同的组合剪辑会产生不同的画面效果，可以大大增强画面张力，充实镜头的画面感，让短视频内容呈现更加丰富的效果。

4.3.2　短视频剪辑的情绪表达技巧

短视频的"情绪表达"是升华短视频内容的重要方式，下面介绍在剪辑短视频时可以用来表达不同情绪的技巧。

微课4-5

1．镜头时长

人的情绪是需要酝酿的，在剪辑的时候，我们也需要留足镜头的时长，让观众去慢慢体会镜头画面中的人物情感。

无论是说话者还是倾听者，都要给予情感上的停顿。也就是说当有人说到情感的关键点时，下一句话不要接得太紧，应该加以停顿。例如，小孩正在号啕大哭，但是这时候镜头快速切换，那么观众还能够体会到小孩的难过吗？可能一点都感受不到。

2．画面组接

在短视频剪辑中，通过画面组接来表达人物不同的情绪是至关重要的。画面组接不仅是将不同的镜头连接在一起，还需要考虑镜头之间的过渡、节奏，以及如何通过视觉元素来表达特定的情感。

使用快速而流畅的剪辑，结合跳跃式的图像处理，可以展现活动的快节奏和人物的兴奋感；使用缓慢而流畅的过渡效果，如溶解或淡入／淡出，可以表达悲伤和沉重的情绪；使用快速而紧凑的切换，结合特写镜头和快速的图像处理，可以传达紧张的氛围；使用长镜头或稳定镜头展示自然风景或宁静的场景，可以强调轻松的氛围。

3．音乐搭配

音乐是表达和强化情绪的关键要素，利用音乐的旋律和节奏剪辑短视频，可以更好地传递情绪。

（1）卡点法——音画一致。卡点法是指剪辑人员在处理剪辑点时，使画面的切换与音乐的重音、节拍、节奏保持同步或协调，使音画关系尽量保持一致。例如，抖音常见的卡点类短视频中，画面会随着音乐的旋律产生有节奏的变化，这种声音与画面的高度一致，通常能给人带来视觉与听觉的良好体验。但要注意的是，旋律除了需要与画面保持一致外，还要与短视频的内容和意义保持统一。不同风格的音乐带有不同的感情色彩，在难过的时候用悲伤的音乐，在愉快的故事中用欢快的音乐，这是比较基础的音乐运用方法。

（2）矛盾法——音画对立。矛盾法是指将情绪完全不同的画面和音乐结合在一起，达到出人意料的效果。剪辑人员在为短视频选择配乐时，可以另辟蹊径，反其道而行之。例如，欢乐的画面配上忧伤的旋律，悲伤的画面搭配明快的节奏。

但一定要注意，该方法具有一定的适用范围，不适用于严肃、正式的新闻类内容。

4. 色彩变换

色彩能够表达情绪，对于短视频画面，色彩的选择相当重要，它是主观情绪的外化表现。

想表现压抑、苦闷及恐惧的情绪可以用冷色调；暖色调特别适合表现神秘的气氛；饱和与对比强烈的色彩让人心情愉悦；亮色可以让画面更具生气，显得开朗欢快；深色可以营造出幽深、神秘的氛围，提示故事隐含的戏剧冲突；黑白在表现怀旧时特别合适；红色会让人感到亲切、热烈与激情；蓝色会让人感到冷静、干净；绿色则表示青春、健康与希望。这些基本的色彩认知有助于剪辑人员对画面色彩进行恰当的调整。

> **小贴士**
>
> 无论是使用同色系的颜色，还是使用一组对比色，或结合使用多种色彩，都能表达出不一样的情绪。需要注意的是，切勿频繁剪切不同色系的镜头，以免使观众产生视觉疲劳。

4.4 剪映快速入门

4.4.1 认识剪映

剪映是由抖音官方推出的一款专业短视频剪辑 App，支持直接在手机上对拍摄的视频进行剪辑和发布。

剪映具有强大的视频剪辑功能，其剪辑功能非常完善，支持视频变速与倒放，用户可以使用添加音频、识别字幕、添加贴纸、应用滤镜、使用美颜、

微课4-6

色度抠图、制作关键帧动画等功能，而且剪映提供了非常丰富的音乐和贴纸资源等。即使是短视频制作的初学者，也能利用这款软件制作出自己心仪的短视频作品。并且，利用剪映制作的短视频，能够发布在几乎所有短视频平台。

剪映支持 iOS（由苹果公司开发的移动操作系统，支持 iPad、iPhone、iPod touch 等移动设备）和 Android（中文名为安卓，是一种基于 Linux 内核的自由且开放源代码的操作系统，广泛应用于智能手机、平板电脑、电视、数码相机和智能手表等多种智能设备）两种移动操作系统。

剪映集合了同类 App 的很多优点，功能齐全且操作灵活，其主要特点如下。

（1）操作方便。剪映中的时间轨道支持双指放大／缩小操作，操作十分方便。

（2）模板较多。剪映中的模板比较多，而且更新也很快。模板类型除了当前的热门模板外，还有卡点、日常碎片、情感、玩法、纪念日、情侣、美食和旅行等多种类型，而且制作非常简单，适合新手操作。

（3）音乐丰富。剪映提供了抖音的热门歌曲、Vlog 配乐和其他大量不同风格的音乐，创作者可以在试听之后选择使用。创作者还可以为短视频添加合适的音效、提取其他短视频中的背景音乐或录制旁白。对插入的音乐还可以调整音量和效果。

（4）自动踩点。剪映具备自动踩点功能，可以自动根据音乐的节拍和旋律对短视频进行踩点，用户可根据这些标记来剪辑短视频。

（5）功能齐全。剪映具备美颜、特效、滤镜、调色和贴纸等辅助工具，这些工具不但样式很多，而且体验效果也不错，可以让剪辑后的短视频变得与众不同。

（6）自动字幕。剪映支持手动添加字幕和语音自动转字幕功能，并且该功能免费。剪映支持用户对字幕中的文字设置样式、动画。

4.4.2 剪映的功能介绍

打开剪映，映入眼帘的是主界面，该界面由 3 个部分组成，分别是创作区、草稿区和菜单区，如图 4-3 所示。

点击创作区右上角的【展开】按钮，即可展开创作区工具，如图 4-4 所示。点击主界面右上角的 按钮，即可进入【剪映教程】界面，用户可从中了解剪映最新功能及常见问题的解决方法，如图 4-5 所示。

微课4-7

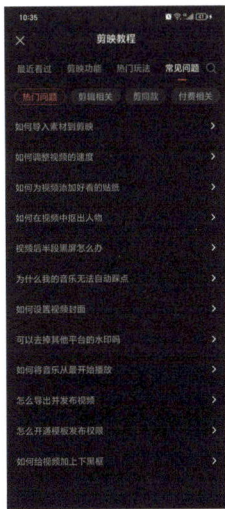

图4-3　　　　图4-4　　　　图4-5

剪映主界面下方的菜单区包含了剪映的主要功能。

【剪辑】界面是剪映的起始工作界面。

【剪同款】界面提供了丰富的模板类型，如图 4-6 所示。

【创作课堂】界面提供了与短视频创作相关的在线课程供用户学习，如图 4-7 所示。

【消息】界面显示用户所收到的各种消息，如官方消息、评论消息、粉丝留言、点赞情况等，如图 4-8 所示。

【我的】界面显示用户个人信息及喜欢的短视频模板等，如图 4-9 所示。

  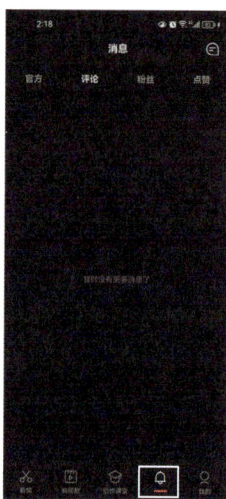 

图4-6　　　　　图4-7　　　　　图4-8　　　　　图4-9

4.4.3　认识剪映的剪辑界面

剪映中用于短视频剪辑的功能十分齐全，下面介绍一些常用的功能。

微课4-8

1. 剪辑

剪辑功能是剪映的主要功能，打开【剪辑】工具栏的操作方法是在编辑主界面下方工具栏中点击【剪辑】按钮，如图 4-10 所示，或者在编辑窗格中点击需要编辑的视频素材，即可打开【剪辑】工具栏，如图 4-11 所示。下面介绍【剪辑】工具栏中包含的主要功能。

● 分割。点击【分割】按钮，将以播放指针为分割线将视频素材分割为前后两部分，如图 4-12 所示。

● 变速。变速包括常规变速和曲线变速两种方式。常规变速是根据原速度的 0.1 倍到 100 倍进行变速，如图 4-13 所示；曲线变速则可以自定义或根据默认的变速方式进行变速，如图 4-14 所示。

● 音量。点击【音量】按钮，可以在打开的【音量】栏中调节当前视频素材的音量，如图 4-15 所示。点击编辑窗格左侧的【关闭原声】按钮，可以关闭所有视频素材的声音。

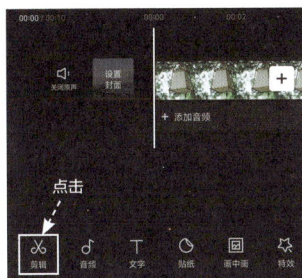

图4-10

图4-11

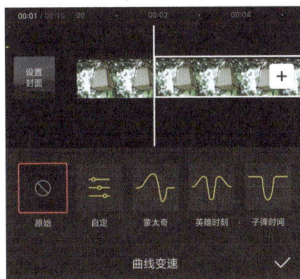

图4-12

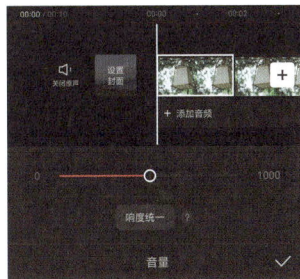

图4-13

图4-14

图4-15

● 动画。点击【动画】按钮，将打开【动画】栏，其中包括【入场动画】【出场动画】【组合动画】3 个选项。例如，选择【入场动画】选项，将展开【入场动画】选项卡，如图 4-16 所示，在其中选择一种动画样式，即可将其应用到短视频中。

● 删除。点击【删除】按钮可以删除当前选择的视频素材。

● 编辑。点击【编辑】按钮，将打开【编辑】栏，其中包括【旋转】【镜像】【裁剪】3 个按钮，如图 4-17 所示。点击【旋转】按钮，视频素材将顺时针旋转 90°；点击【镜像】按钮，视频素材将进行镜像翻转；点击【裁剪】按钮将打开【比例】栏，如图 4-18 所示，在其中任意选择一种比例样式，即可按该比例手动裁剪视频素材。

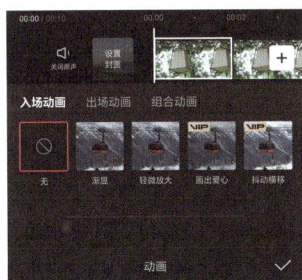

图4-16

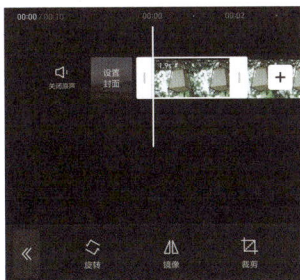

图4-17

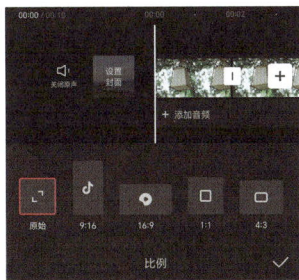

图4-18

● 滤镜。点击【滤镜】按钮，将展开【滤镜】选项卡，如图 4-19 所示，在其中可以选择一种滤镜样式应用到视频素材中。

● 调节。点击【调节】按钮，将展开【调节】选项卡，如图 4-20 所示，在其中点击对应的按钮，拖动下方滑块，即可调节视频素材的各个参数，包括【亮度】【对比度】【饱和度】【光感】等。

● 不透明度。点击【不透明度】按钮，将打开【不透明度】栏，拖动滑块即可调整视频素材的不透明度，如图 4-21 所示。

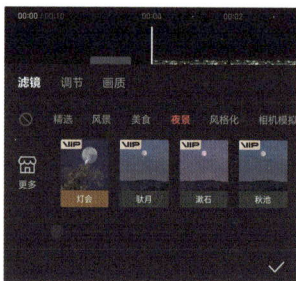

| 图4-19 | 图4-20 | 图4-21 |

● 美颜美体。点击【美颜美体】按钮，将展开【美颜】选项卡，如图 4-22 所示，在其中点击对应的按钮，并拖动下方的滑块即可对视频素材中的人物进行相应的美颜或美体处理。

● 变声。点击【变声】按钮，将打开【变声】栏，如图 4-23 所示，在其中可以将【男生】【女生】等各类声音特效应用到视频素材中。

2. 音频

在剪映的编辑主界面下方工具栏中点击【音频】按钮，或者在编辑窗格中点击【添加音频】按钮，即可打开【音频】工具栏，如图 4-24 所示。下面主要介绍【音频】工具栏中的 5 个选项。

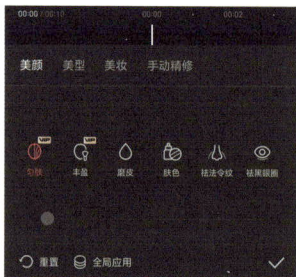
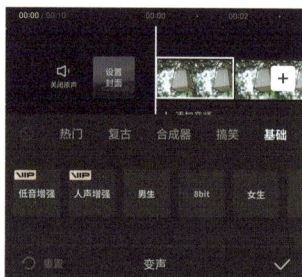

| 图4-22 | 图4-23 | 图4-24 |

● 音乐。点击【音乐】按钮，将进入【添加音乐】界面，在其中可以试听、收藏和下载相关音乐，如图 4-25 所示，并将其添加到视频素材中，也可以搜索或导入音乐并使用。

● 音效。点击【音效】按钮，将打开【音效】栏，在其中可以收藏、下载和使用相关的音效，如图 4-26 所示。

● 提取音乐。点击【提取音乐】按钮，将打开本地视频文件夹，在其中选择一个视频文件，就能将视频中的音频提取出来作为当前视频素材的音乐使用。

● 抖音收藏。点击【抖音收藏】按钮，可以将在抖音中收藏的音乐应用到当前视频素材中。

● 录音。点击【录音】按钮，将打开【录音】栏，点击或长按录音按钮即可录制声音，如图 4-27 所示。

3. 文字

在剪映的编辑主界面下方工具栏中点击【文字】按钮，即可打开【文字】工具栏，如图 4-28 所示。下面主要介绍【文字】工具栏中的 4 个选项。

● 新建文本。点击【新建文本】按钮，将打开新建文本界面，同时视频素材中将出现文本框，在该界面中可以输入文字并设置文字的样式，包括【描边】【背景】【阴影】等，如图 4-29 所示。另外，在视频素材中点击添加的文字，还可以调整文字的大小、位置、方向和角度等。

图4-25

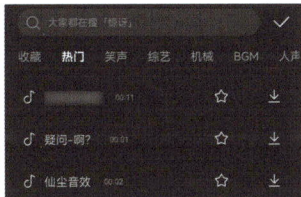

图4-26

图4-27

图4-28

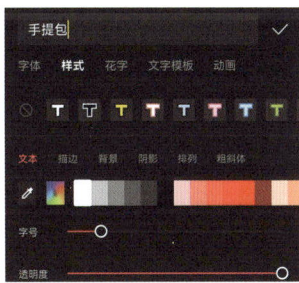

图4-29

● 识别字幕。点击【识别字幕】按钮，将打开【识别字幕】界面，如图 4-30 所示，点击【开始匹配】按钮将识别视频中的字幕。

● 识别歌词。点击【识别歌词】按钮，将打开【识别歌词】界面，点击【自动识别】按钮将识别添加的音乐中的歌词。

● 添加贴纸。点击【添加贴纸】按钮，将打开添加贴纸界面，在其中可以选择不同样式的贴纸应用到视频素材中，如图 4-31 所示。

图4-30

4．特效

在剪映的编辑主界面下方工具栏中点击【特效】按钮，即可打开【特效】工具栏，其中包括【画面特效】和【人物特效】两个按钮，如图4-32所示。点击【画面特效】按钮，即可打开画面特效界面，如图4-33所示；点击【人物特效】按钮，即可打开人物特效界面，如图4-34所示。选择任意一种特效即可将其应用到当前的视频素材中。

图4-32

图4-31

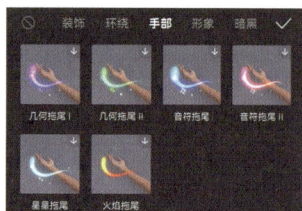

图4-33

图4-34

5．背景

在剪映的编辑主界面下方工具栏中点击【背景】按钮，即可打开【背景】工具栏，如图4-35所示。

图4-35

【背景】工具栏中包含以下3个选项。

● 画布颜色。点击【画布颜色】按钮，将打开【画布颜色】栏，如图4-36所示，在其中可以选择一种颜色作为短视频背景的颜色。

● 画布样式。点击【画布样式】按钮，将打开【画布样式】栏，如图4-37所示，在其中可以选择一张图片作为短视频背景的样式。

● 画布模糊。点击【画布模糊】按钮，将打开【画布模糊】栏，如图4-38所示，在其中可以选择模糊效果并将其应用于短视频背景中。

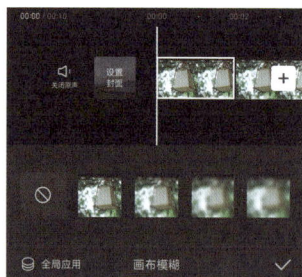

图4-36

图4-37

图4-38

4.5　实战案例指导：使用抖音账号登录剪映并查看模板

移动端剪映可以使用抖音账号直接登录，下面介绍具体的操作方法。

（1）打开剪映，点击下方菜单区中的【我的】按钮，即可进入登录界面。

（2）点击"已阅读并同意剪映用户协议和剪映隐私政策"按钮，然后点击【抖音登录】按钮，如图4-39所示。登录完成后的界面如图4-40所示，用户可根据需要编辑资料，完善信息。

（3）点击下方菜单区中的【剪同款】按钮，如图4-41所示，即可进入模板浏览界面。

（4）点击任意一个模板封面，即可进入观看模式，如图4-42所示。

| 图4-39 | 图4-40 | 图4-41 | 图4-42 |

实训1：使用剪映的一键成片功能制作短视频

【实训目标】

本次实训以剪辑"我的旅行 Vlog"为例，介绍剪映的一键成片功能。

【实训思路】

（1）打开剪映，进入剪辑界面。点击【一键成片】按钮，如图 4-43 所示。

（2）弹出提示界面，点击【确定】按钮，如图 4-44 所示。

（3）系统会自动从相册中选择 3 个素材并制作视频，用户点击【看效果】按钮（见

图4-45）即可观看视频效果。

（4）关闭提示窗口，从相册中选择需要的素材（案例素材\第4章\实训1），然后在下方文本框中输入剪辑需求，如"帮我剪一个旅行的Vlog"，点击【下一步】按钮，如图4-46所示。

（5）进入【选择模板】界面，选择需要的模板，然后点击【导出】按钮，如图4-47所示。弹出对话框，如图4-48所示，根据需要选择保存方式。

| 图4-43 | 图4-44 | 图4-45 |

| 图4-46 | 图4-47 | 图4-48 |

实训2：使用剪映的剪同款功能制作漫画变身短视频

【实训目标】

本次实训以制作漫画变身短视频为例，介绍剪映的剪同款功能。

【实训思路】

（1）打开剪映，进入剪同款界面。切换至【动漫】选项卡，如图4-49所示，在其中选择一个合适的漫画模板。观看模板效果，点击【剪同款】按钮，如图4-50所示。

（2）进入素材选择界面，选择后点击【下一步】按钮，如图4-51所示。

（3）预览视频，点击【导出】按钮，如图4-52所示。

图4-49

图4-50

图4-51

图4-52

思考与练习

一、选择题

1.（单选）（　　　）是指在同一时间、不同空间的两个或多个场景间来回切换的剪辑方法。

　　A. 叠化剪辑　　　B. 跳跃剪辑　　　C. 匹配剪辑　　　D. 交叉剪辑

2.（多选）剪映中视频变速的类型包括（　　）。

    A. 常规变速   B. 直线变速   C. 曲线变速   D. 自定义变速

3.（单选）色彩能够表达情绪，想表现压抑、苦闷及恐惧的情绪可以用（　　）调。

    A. 暖色   B. 冷色   C. 温色   D. 以上都可以

二、填空题

1. 对视频画面进行（　　）的调整，会无形中增强视频画面的表现力和感染力，改变视频的意境、氛围。

2.（　　）是指将不同时空或同时间、不同空间发生的两条或多条故事线并列表现的一种剪辑方法。

3.（　　）是指将情绪完全不同的画面和音乐结合在一起，达到出人意料的效果。

三、判断题

1. 对同一场景下的镜头进行不同视角的跳切剪辑，可用来表现时间的流逝。（　　）

2. 淡入 / 淡出剪辑是指将一个镜头叠加到另一个镜头上，逐渐降低上一个镜头的透明度，从而形成叠化的效果，它是一种比较简单、易操作的剪辑方法。（　　）

3. 在衔接镜头时，要符合惯性和常规逻辑，保证动作的连贯性，让前后镜头及整个故事的表达顺畅且完整。（　　）

四、简答题

1. 简述短视频剪辑的基本流程。

2. 简述短视频剪辑的注意事项。

3. 简述短视频剪辑的音乐搭配技巧。

五、实操题

1. 打开剪映浏览模板并熟悉基本功能。

2. 使用剪映的一键成片功能制作一个日常 Vlog。

第 5 章

精细剪辑短视频

学习目标

1. 掌握剪辑短视频画面的方法
2. 掌握视频画面的基本调整方法
3. 掌握设置视频分辨率的方法
4. 掌握管理剪辑和模板草稿的方法

素养目标

1. 提高学生的职场剪辑技能
2. 培养学生刻苦钻研的品格

引导案例

　　在影视发展的很长一段时间里，剪辑是导演的工作。随着有声电影的出现，声音和音乐素材的剪辑也进入了影片的制作过程，剪辑工艺越来越复杂，剪辑设备也越来越先进，于是出现了专门的电影剪辑师。

　　剪辑是指将拍摄的大量素材，经过初剪、复剪、精剪乃至综合剪等几个步骤，即选择、取舍、分解与组接等动作，最终形成一个连贯流畅、含义明确、主题鲜明并有艺术感染力的作品。在整个剪辑过程中，既要保证镜头与镜头之间叙事的自然、流畅、连贯，又要突出镜头的内在表现，即达到叙事与表现双重功能的统一。

　　单独看起来没有任何意义的声音和画面，经过剪辑能够产生旋律，通过组合能够形成情节，进而生成富含意义的片段，从而准确、鲜明地体现出视频的主题，做到结构严谨和节奏鲜明。

思考题：

1. 结合案例内容，分析视频剪辑初期哪些流程是必不可少的。
2. 与大家分享你所知道的精彩的视频剪辑案例。

5.1 剪辑短视频画面

使用剪映进行短视频的编辑工作，首先需要掌握素材的各项处理操作，如导入并分割短视频、复制和删除视频素材、替换视频素材、裁剪短视频、调整视频素材的时长和顺序、实现短视频变速等。

微课5-1

5.1.1 导入并分割短视频

打开剪映，点击下方菜单区中的【剪辑】按钮，切换到剪辑界面，然后点击【开始创作】按钮，如图 5-1 所示。进入素材选择界面，用户可以选择一个或多个视频或图像素材（案例素材\第 5 章\5.1.1），完成选择后，勾选下方的【高清】选项，然后点击【添加】按钮，如图 5-2 所示。进入视频编辑界面，可以看到素材被添加到轨道上并在上方显示，如图 5-3 所示。

| 图5-1 | 图5-2 | 图5-3 |

小贴士

在选择素材时，点击素材缩略图右上角的圆圈可以选中目标；如果直接点击素材缩略图的其他位置，则可以打开素材进行浏览。

如果在剪辑界面想要继续添加素材，可以将播放指针移至某段素材上，然后点击轨道区域右侧的+按钮，如上文的图 5-3 所示。进入素材选择界面，选择一个需要的素材，勾选下方的【高清】选项，然后点击【添加】按钮，如图5-4所示。完成操作后，所选素材会自动添加至轨道中，衔接在播放指针所在素材的前方或后方。

> **小贴士**
>
> 在添加素材时，若播放指针在靠近素材前端的位置，如图5-3所示，则新增素材会衔接在该段素材的前方；若播放指针在靠近素材后端的位置，则新增素材会衔接在该段素材的后方。

如果一段视频素材过长，或者用户只需要使用其中的一部分，则可以利用分割功能对视频素材进行分割处理，从而获得需要的素材。首先将播放指针移至需要分割的位置，点击下方工具栏中的【分割】按钮，如图5-5所示。这样即可将选中的素材以播放指针为分割线分割成两部分，如图5-6所示。

5.1.2　复制和删除视频素材

如果在视频编辑过程中需要重复使用同一段素材，多次导入比较麻烦，这时使用复制功能来操作就比较方便了。在轨道区域中选中需要复制的素材，点击下方工具栏中的【复制】按钮，如图5-7所示，这样就可以得到一段同样的素材。

若在剪辑过程中对某段素材不满意，可以将其删除。在轨道区域中选中需要删除的素材，点击下方工具栏中的【删除】按钮即可，如图5-8所示。

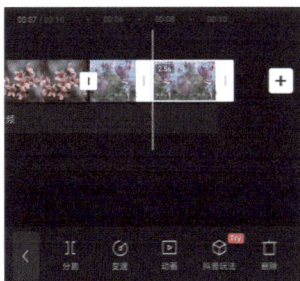

图5-5　　　　　　　图5-7

图5-4　　　　　　　图5-6　　　　　　　图5-8

5.1.3　替换视频素材

在视频编辑过程中，如果用户对某段视频素材不满意，直接删除可能会对整个剪辑项目产生影响，要想在不影响剪辑项目的情况下换掉不满意的素材，可以使用剪映的替换功能。

在轨道区域中选中需要替换的素材,点击下方工具栏中的【替换】按钮,如图5-9所示。进入素材选择界面，选择需要的素材，如图5-10所示。进入素材片段选择界面，由于新素材的时长大于原素材的时长，所以需要截取与原素材时长相同的片段，左右滑动视频素材即可选取，完成后点击【确认】按钮，如图5-11所示。替换完成后的效果如图5-12所示。

图5-9

图5-10

图5-11

图5-12

5.1.4　裁剪短视频

在短视频编辑过程中，用户可以根据编辑需求对画面重新构图，如根据展示需求调整画面比例，去除画面中多余的元素等，这时可以使用剪映的裁剪功能。

将素材文件（案例素材\第5章\5.1.4）导入剪映中，在轨道区域中选中素材，点击下方工具栏中的【编辑】按钮，如图5-13所示。在下一级工具栏中点击【裁剪】按钮，如图5-14所示。进入裁剪界面，用户可根据需要选择不同的裁剪比例，裁剪比例为9：16的裁剪效果如图5-15所示。

裁剪选项上方的刻度线可用来调整画面的旋转角度，拖动刻度线上的滑块可进行顺时针或逆时针旋转，逆时针旋转15°的效果如图5-16所示，旋转完成后点击右下角的

【√】按钮即可。如果对裁剪效果不满意，可点击左下角的【重置】按钮。

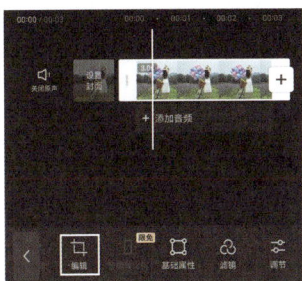

图5-13

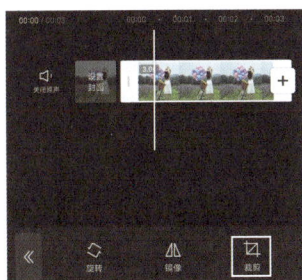

图5-14

图5-15

图5-16

小贴士

用户在进行裁剪时，在自由模式下可通过拖动裁剪框，将画面裁剪为任意比例；在其他模式下，可通过拖动裁剪框改变裁剪范围，但裁剪比例不会发生改变。

5.1.5 调整视频素材的时长和顺序

通常需要在一个剪辑项目中放入多段素材。对于导入的素材，有时根据剪辑需要，用户需重新调整素材的时长和顺序，具体操作如下。

将素材文件（案例素材\第5章\5.1.5）导入剪映中，在轨道区域中选中素材，按住并向左拖动素材右侧（后端）的按钮，可使素材的时长在有效范围内缩短，如图5-17所示；按住并向右拖动素材右侧（后端）的按钮，可使素材的时长在有效范围内延长，如图5-18所示。

在轨道区域中选中素材，按住并向右拖动素材左侧（前端）的按钮，可使素材的时长在有效范围内缩短，如图5-19所示；按住并向左拖动素材左侧（前端）的按钮，可使素材的时长在有效范围内延长，如图5-20所示。

轨道区域中素材的顺序是按照素材添加的顺序排列的，如果想要调整其中一段素材的顺序，可以长按此素材，将其拖动到另一段素材的前方或后方，如图5-21和图5-22所示。

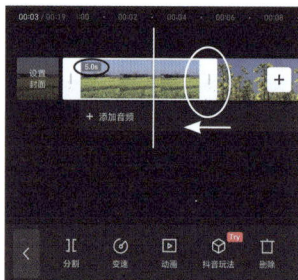

图5-17　　　　　　　　　　图5-18　　　　　　　　　　图5-19

图5-20　　　　　　　　　　图5-21　　　　　　　　　　图5-22

5.1.6　实现短视频变速

在剪映中，视频素材的播放速度是可以自由调节的。首先选中轨道区域中的某段素材，点击下方工具栏中的【变速】按钮，如图 5-23 所示。在下一级工具栏中会出现两个按钮——【常规变速】和【曲线变速】，如图 5-24 所示。

点击【常规变速】按钮，可打开【变速】栏。视频素材的原始倍速为"1×"，拖动滑块可以调整播放速度，滑块上方会显示当前倍数，且左上角会显示时长的变化，完成调整后，点击右下角的【√】按钮即可，如图 5-25 所示。

图5-23　　　　　　　　　　图5-24　　　　　　　　　　

图5-25

> **小贴士**
>
> 用户对素材进行常规变速时，素材的时长也会相应发生变化。当变速倍数减小时，视频的播放速度将变慢，素材的时长会变长；当变速倍数增大时，视频的播放速度将变快，素材的时长会变短。

点击图5-24中的【曲线变速】按钮，可打开【曲线变速】栏，如图5-26所示，从中可以看到不同的曲线变速选项。在【曲线变速】栏中选择任意一个变速选项即可实时预览效果。例如选择【蒙太奇】选项，预览区域将自动展示变速效果，此时【蒙太奇】选项即变为红色，如图5-27所示。再次点击该选项，可进入编辑界面，如图5-28所示。用户可以对曲线上的各个控制点进行调整，以满足不同的播放需求。

| 图5-26 | 图5-27 | 图5-28 |

5.2 视频画面的基本调整

在视频编辑过程中，为了达到理想的效果，对画面进行调整是必不可少的。下面分别介绍画中画效果、画面定格功能、倒放功能和画面混合模式。

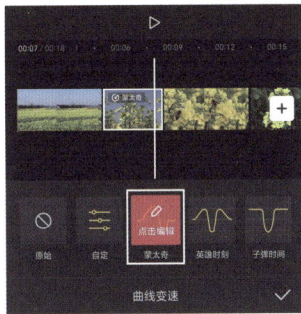

微课5-2

5.2.1 设置画中画效果

剪映中的画中画功能可以让不同素材出现在同一画面，如同一场景的不同视角、一人分饰两角、两人视频聊天的场景等。设置画中画效果的具体操作如下。

将素材（案例素材\第5章\5.2.1\人物）导入剪映中。将播放指针移至需要切画中画的位置，在未选中任何素材的情况下，点击底部工具栏中的【画中画】按钮，如图5-29所示。在下一级工具栏中点击【新增画中画】按钮，如图5-30所示。进入素材添加界面，选择"镜头"素材（案例素材\第5章\5.2.1\镜头），勾选【高清】选项，然后点击【添加】按钮即可。新增的"镜头"素材会被添加到新的轨道中，如图5-31所示。

选中"镜头"素材，在预览区域中通过双指按住画面进行缩放，将画面缩小，并将其拖动至原画面的右上角，如图5-32所示。这样在播放时就可以同时观看两个画面了。

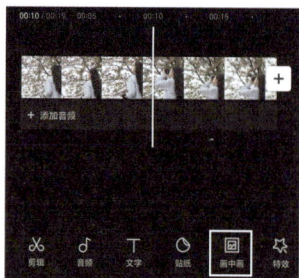

图5-29

图5-30

图5-31

图5-32

5.2.2 使用画面定格功能

剪映中的画面定格功能可以帮助用户将一段视频中的某一帧画面提取出来。画面定格的具体操作如下。

将素材（案例素材\第5章\5.2.2\定格素材）导入剪映中。用双指将轨道区域放大，将播放指针移至需要定格的位置，选中素材，然后点击底部工具栏中的【定格】按钮，如图5-33所示。此时，在播放指针后方将生成一段时长为3秒的静帧画面，如图5-34所示。

剪映中定格后素材的时长默认为3秒，用户可根据需要自行调整其时长。图5-35所示为将时长调整为2秒后的效果。

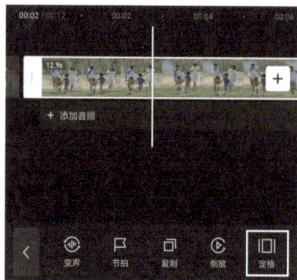

图5-33

图5-34

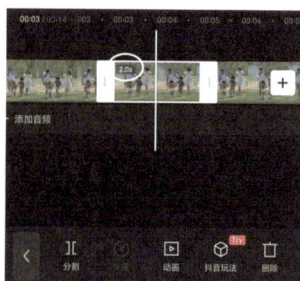

图5-35

5.2.3　使用倒放功能

在剪辑视频时，有时为了配合剧情或增强效果，我们需要对视频进行倒放处理。例如人物正常往前走的视频经过倒放后，就会变成向后退。倒放可以使视频更有趣。视频倒放的具体操作如下。

将素材（案例素材 \ 第 5 章 \5.2.3\ 倒放素材）导入剪映中。在轨道区域中选中素材，然后点击底部工具栏中的【倒放】按钮，如图 5-36 所示。稍等片刻软件即可完成倒放处理，点击播放按钮即可预览视频，预览效果如图 5-37 和图 5-38 所示。

图5-36　　　　　　　　图5-37　　　　　　　　图5-38

5.2.4　画面混合模式

在剪辑视频时，如果用户在同一时间点的不同轨道上添加了两段视频素材，此时调整画面的混合模式，就可以营造出特殊的画面效果。应用混合模式的具体操作如下。

将素材（案例素材 \ 第 5 章 \5.2.4\ 读书）导入剪映中，在未选中素材的情况下，点击底部工具栏中的【画中画】按钮，如图 5-39 所示。在下一级工具栏中点击【新增画中画】按钮，如图 5-40 所示。进入素材添加界面，选择另一段视频素材（案例素材 \ 第 5 章 \5.2.4\ 花瓣雨），将其添加到轨道区域，如图 5-41 所示。

选中新添加的素材，在预览区域中通过双指来调整画面的大小，然后点击底部工具栏中的【混合模式】按钮，打开【混合模式】栏，选择【变亮】选项，拖动滑块调整透明度，如图 5-42 所示。设置好混合模式后，选择右下角的【√】选项即可。

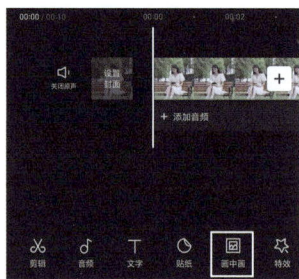

图5-39

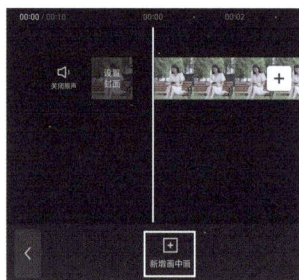

图5-40

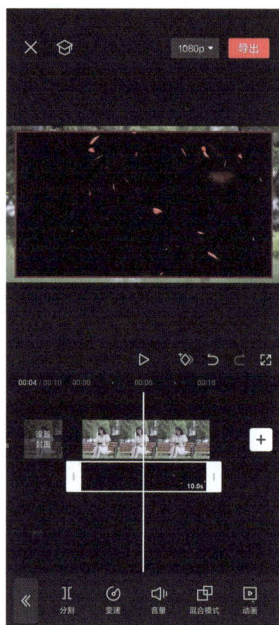

图5-41

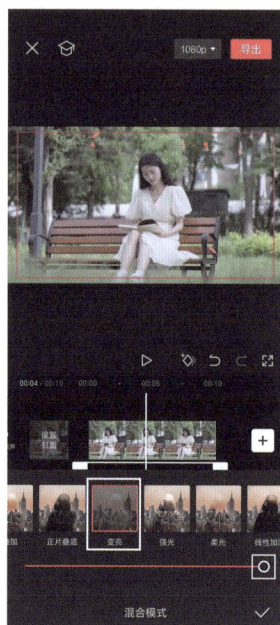

图5-42

📑 **小贴士**

目前，剪映为用户提供了多种混合模式。其中，"变亮"的主要作用是去掉视频里暗的部分，留下亮的部分。这里不对其他效果进行讲解，大家可以在实际操作中多加尝试。

注意，混合模式只有在选中了画中画图层后才会显示出来，如果选中主轨道上的素材则无法启用。

📱 **素养课堂**　　　　　　　　　**刻苦钻研，脚踏实地**

人人都渴望成功，但仔细想想，真正成功的人却只是少数。其实，热情和脚踏实地的努力是成功的重要原因。

有些人能有所作为不是一蹴而就的，而是日复一日地持续努力，脚踏实地地用坚持实践着自己的梦想。张衡说过"人生在勤，不索何获"，郭沫若说过"形成天才的决定因素应该是勤奋"，很多名人都说过类似的话，可见，在以后的学习中，少点浮躁，刻苦钻研，脚踏实地，只要尽自己最大的努力，肯定会有更大的突破。

成功不是瞬间的辉煌，而是每一个平凡的今天脚踏实地地努力的结果。一个真正为理想而追求、为事业而奋斗的人，一定懂得脚踏实地、埋头苦干。

5.3　视频的设置与管理

为了更好地进行视频剪辑工作，用户还需要熟悉并掌握剪映的各项参数设置，以及管理好剪辑和模板草稿。下面分别进行介绍。

微课5-3

5.3.1　设置分辨率

视频的分辨率就是视频的清晰度指标，是指视频在一定区域内所包含的像素点数量，单区域内的像素点数量越多，视频的清晰度也就越高。如今市面上常见的视频分辨率有：720p 分辨率、1080p 分辨率、2K 分辨率、4K 分辨率等。制作短视频时选择 1080p 分辨率比较合适。下面介绍剪映中分辨率的设置方法。

打开剪映，进入视频编辑界面，点击右上方的【1080p】按钮，如图 5-43 所示。打开视频分辨率和帧率的设置界面，用户根据需要进行设置即可，如图 5-44 所示。

"剪同款"视频的分辨率是在视频剪辑完成后进行设置的，点击【导出】按钮，进入导出设置界面，点击【1080p】按钮，如图 5-45 所示。进入选择分辨率界面，如图 5-46 所示，设置后点击【完成】按钮即可。

图5-43

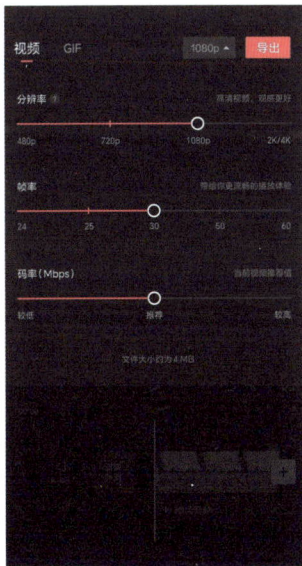

图5-44

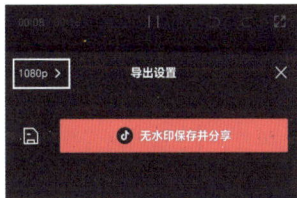

图5-45

图5-46

5.3.2　管理剪辑和模板草稿

在剪映中完成一个项目的剪辑后，将其关闭，该项目通常会自动保存在剪辑主界面的

【本地草稿】中，以方便用户日后随时进行修改和调用，如图 5-47 所示。点击剪辑项目缩略图右下角的■按钮，可以在底部弹窗中对项目草稿进行上传、重命名、复制、剪映快传和删除操作，如图 5-48 所示。点击【本地草稿】区域右上角的【管理】按钮，可以对草稿进行批量操作，可同时选中多个草稿，然后进行上传、剪映快传和删除操作，如图 5-49 所示。

 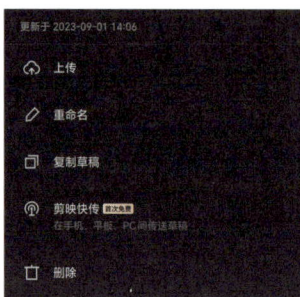 

图5-47   图5-48   图5-49

在使用剪同款界面中的视频模板后，模板同样会自动保存，在【本地草稿】的【模板】选项卡下即可查看，如图 5-50 所示。点击模板缩略图右下角的■按钮，可以在底部弹窗中对项目草稿进行上传、重命名、复制、剪映快传和删除操作，如图 5-51 所示。点击【本地草稿】区域右上角的【管理】按钮，同样可以对模板进行批量操作，可同时选中多个模板，然后进行上传、剪映快传和删除操作，如图 5-52 所示。

图5-50   图5-51   图5-52

5.3.3   上传至剪映云

用了一段时间剪映后，用户可能会遇到以下困难：

① 手机里的草稿越来越多，担心占手机内存又不舍得删；

② 剪映草稿中使用的视频均来自手机相册，一旦将相册里用到的视频素材删除，草稿里的视频也会丢失；

③ 想在计算机上使用剪映专业版剪视频，不知如何把手机中的草稿传过去；

④ 想和朋友一起剪辑，不知怎么才能做到。

以上问题，均可通过"剪映云"来解决，它可以帮助用户解决备份草稿、管理资产、分享协作方面的问题。当用户上传草稿在云端备份后，手机本地的任何操作（删除相册视频、删除本地草稿或卸载 App）都不会影响云端备份。上传剪映云的具体操作如下。

进入剪映主界面，在【本地草稿】区域点击项目缩略图右下角的█按钮，如上文的图 5-47 所示，然后在底部弹窗中点击【上传】按钮，如上文的图 5-48 所示。进入"上传到'我的云空间'"界面，用户可以点击【新建文件夹】或【上传到此】按钮，如图 5-53 所示。上传后，点击界面上方的【剪映云】按钮，即可切换至剪映云空间，如图 5-54 所示。用户可以看到剪映云中的内容及上传的全部草稿，点击备份草稿缩略图右下角的█按钮，可对其进行下载、重命名、移动、复制和删除操作，如图 5-55 所示。点击剪映云中的☰按钮（见图 5-54），可对备份草稿进行批量选择、切换视图和排序操作，如图 5-56 所示。

图5-53

图5-54

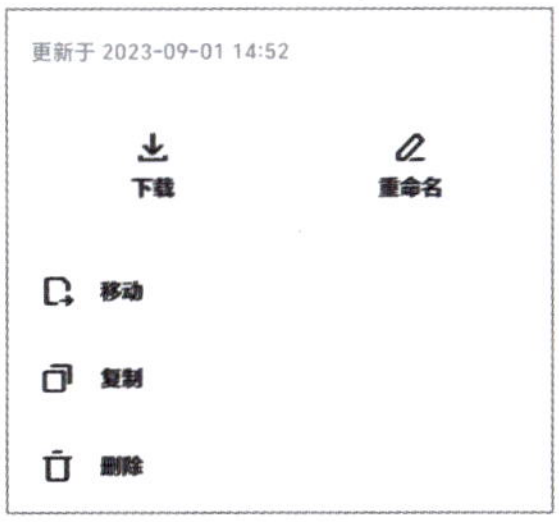

图5-55

图5-56

5.4　实战案例指导：剪辑航拍风景短视频

前面的章节介绍过无人机拍摄的内容，本次实战利用本章所学知识对航拍风景短视频进行剪辑，下面介绍具体的操作方法。

（1）将素材（案例素材＼第 5 章＼5.4）导入剪映中，将每段素材的时长调整为 10 秒。

（2）将每段素材分别复制一份，然后将复制出的第 2、3、4 段素材切画中画，如图 5-57 所示。

（3）选中并拖动第3、4段素材，将其分别移至第3、4轨道上，然后将第2、3、4轨道中素材的时长分别调整为9秒、8秒、7秒，并将素材的末端与主轨道中第1段素材的末端对齐，如图5-58所示。

（4）分别选中各轨道中的第1段素材，按图5-59所示调整各画面的大小和位置，完成后预览视频效果。

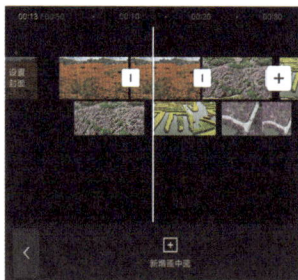 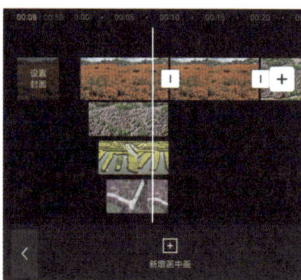 

图5-57 图5-58 图5-59

实训1：将横版短视频调整为竖版短视频

【实训目标】

本次实训使用剪映将横版短视频调整为竖版短视频，具体操作思路如下。

【实训思路】

将素材（案例素材\第5章\实训1）导入剪映中，点击底部工具栏中的【比例】按钮，点击竖版比例，如【9：16】。然后通过双指缩放的方式放大画面使其充满背景。调整前后的效果分别如图5-60和图5-61所示。

 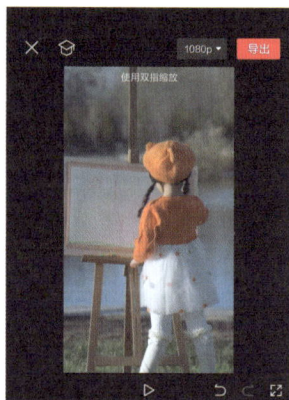

图5-60 图5-61

实训2：剪辑甜品展示短视频

【实训目标】

本次实训以剪辑甜品展示短视频为例，巩固曲线变速功能的应用。

【实训思路】

（1）将素材（案例素材\第5章\实训2）导入剪映中，选中素材后点击底部工具栏中的【变速】按钮，在下一级工具栏中点击【曲线变速】按钮，如图5-62所示。

（2）在打开的【曲线变速】栏中选择【闪进】选项，如图5-63所示，再次点击该选项进入编辑界面。调整好各变速点的位置，然后点击【√】按钮即可，如图5-64所示。

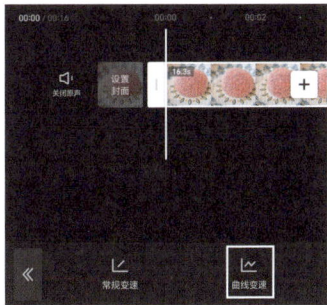
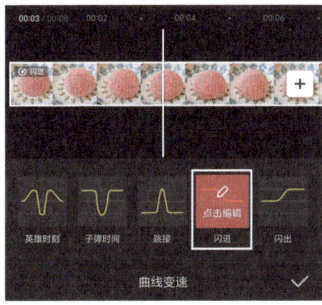
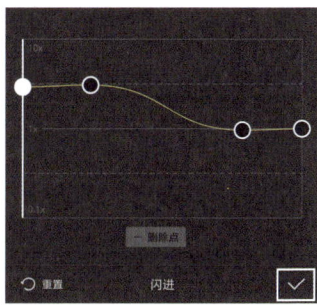

图5-62　　　　　　　　　　图5-63　　　　　　　　　　图5-64

实训3：剪辑旅拍Vlog短视频

【实训目标】

本次实训以剪辑旅拍 Vlog 短视频为例，巩固调整视频时长和常规变速功能的应用。

【实训思路】

（1）将素材（案例素材\第5章\实训3）导入剪映中，按照素材名称中的序号调整素材的顺序。

（2）使用常规变速功能，将前5段视频的速度都调整为原速度的2倍，如图5-65所示。

（3）将第6段视频的时长调整为5秒，如图5-66所示。

（4）将第7、8、9段视频的速度都调整为原速度的2倍，如图5-67所示。

图5-65　　　　　　　　　　图5-66　　　　　　　　　　图5-67

思考与练习

一、选择题

1. （单选）在视频编辑过程中，如果用户对某段视频素材不满意，为了不影响整个剪辑项目，可以使用（　　）功能。

  A. 删除   B. 替换   C. 编辑   D. 复制

2. （单选）如果在视频编辑过程中需要重复使用同一段素材，多次导入比较麻烦，这时可以使用（　　）功能来操作。

  A. 替换   B. 分割   C. 复制   D. 剪切

3. （单选）剪映中的（　　）功能可以帮助用户将一段视频中的某一帧画面提取出来。

  A. 画面定格 B. 画中画   C. 分屏   D. 以上都可以

二、填空题

1. 对素材进行常规变速，当变速倍数减小时，视频的播放速度将（　　），素材的时长会（　　）。

2. 剪映中的（　　）功能可以让不同素材出现在同一画面。

3. 在剪映中完成一个项目的剪辑后，将其关闭，该项目通常会自动保存在剪辑主界面的（　　）中，以方便用户日后随时进行修改和调用。

三、判断题

1. 在剪映中添加素材时，新增素材会自动衔接在该段素材的后方。（　　）

2. 视频的分辨率就是视频的清晰度指标，是指视频在一定区域内所包含的像素点数量，单区域内的像素点数量越多，视频的清晰度也就越高。（　　）

3. 本地草稿中的项目上传至剪映云后只能下载或删除，无法进行其他操作。（　　）

四、简答题

1. 简述剪映中分辨率的设置方法。

2. 简述剪映中画中画功能的使用方法。

3. 简述剪映草稿管理中遇到哪些问题时可选择上传剪映云。

五、实操题

1. 拍摄一段风景视频，应用剪映的曲线变速功能调整其速度。

2. 使用剪映的画中画功能制作一个一人分饰两角的短视频。

第 **6** 章

短视频的后期调整

学习目标

1. 掌握视频调色处理的方法
2. 掌握添加动画效果的方法
3. 掌握添加转场效果的方法
4. 掌握使用蒙版和特效的方法

素养目标

1. 培养学生的创造性思维
2. 培养学生持之以恒的品格

引导案例

　　视频质量受多方面因素的影响，不仅包括拍摄的专业程度、所用设备的先进程度，还包括后期的剪辑水平。后期的剪辑工作主要是对视频进行调光、调色，添加动画、转场，使用蒙版、特效等方面的再加工。

　　后期的剪辑工作是创作优秀作品必不可少的过程。从大量电影、电视节目到影视新闻和广告节目，无一不是经过后期剪辑而形成的。后期剪辑在视频创作中发挥的作用，相当于工艺作品最后的打磨，相当于画龙点睛。所以，视频后期的剪辑工作非常重要。

　　21世纪，随着人们生活节奏的加快，"快餐文化"兴起，视频创作越来越复杂，拍摄难度越来越大，对视频后期剪辑的要求也越来越高，传统的视频剪辑方法已经不能满足人们的审美需求，也不能展现出视频的特色，因此只有不断创新视频剪辑方法，才能进一步提高视频作品的质量。

思考题：

1. 结合案例内容，谈谈你对剪辑有哪些新的认识。
2. 结合案例内容，谈谈你对剪辑师职业的理解。

6.1　视频调色处理

调节画面色调是短视频编辑过程中必不可少的一项操作，不同的画面色调可以表达不同的主题，传递不同的情感。好的调色处理应该符合短视频的主题，色调应恰到好处，避免过度夸张。

微课6-1

6.1.1　手动调节画面色调

在剪映中，用户可以手动调整画面的亮度、对比度、饱和度等色彩参数，进一步营造出自己想要的画面效果。剪映中手动调节画面色调的方式有两种，下面分别介绍。

第一种方式，将素材（案例素材\第6章\6.1）导入剪映，选中轨道中的素材，点击下方工具栏中的【调节】按钮，如图6-1所示。打开调节面板，选择【调节】选项卡下的【亮度】选项，拖动下方滑块即可调节亮度值，如图6-2所示，调整完成后点击右下角的【√】按钮即可。使用该方法直接调整了视频素材的参数。

第二种方式，打开剪映，在未选中素材的情况下，直接点击下方工具栏中的【调节】按钮，如图6-3所示。打开调节面板，对调节选项进行设置后即可在轨道区域中生成一段可调整时长和位置的调节素材。选中轨道中的调节素材，点击下方工具栏中的【编辑】按钮（见图6-4）可对相关参数进行调整。使用该方法编辑的是调节素材，不会对视频素材产生影响，保留了视频素材的原始状态。

图6-3

图6-1

图6-2

图6-4

> **小贴士**
>
> 剪映的调节面板中包含了亮度、对比度、饱和度、锐化、高光、阴影、色温、色调和褪色等选项，下面来进行具体介绍。
>
> 亮度：用于调整整个图像的明亮程度，数值越高，图像越亮。
>
> 对比度：用于调整图像中最亮部分与最暗部分之间明暗差异的强度，通俗来说，就是亮度差异的大小。在一幅图像中，明暗区域之间的差异越大，代表对比度越高；差异越小，代表对比度越低。一般来说，对比度高，图像清晰醒目，色彩也鲜明艳丽；而对比度低，则会让整个图像都显得灰蒙蒙的。
>
> 饱和度：用于调整色彩的鲜艳程度，数值越高，图像色彩越鲜艳。
>
> 锐化：用于快速增强图像边缘细节的对比度，并在边缘的两侧生成一条亮线、一条暗线，使图像整体更加清晰。但锐化一定要适度，它不是万能的，过度锐化很容易使图像显得不真实。
>
> 高光/阴影：分别用于调节图像中亮的部分和暗的部分。
>
> 色温：用于调整图像中色彩的冷暖倾向。数值越高，图像越偏于暖色；数值越低，图像越偏于冷色。
>
> 色调：用于调整图像中色彩的颜色倾向。
>
> 褪色：用于调整图像中颜色的附着程度。

6.1.2 为短视频添加滤镜

滤镜可以使短视频画面更加生动、绚丽，为同一个短视频作品添加不同的滤镜可以产生不同的视觉效果。剪映为用户提供了数十种滤镜效果。添加滤镜的具体操作如下。

微课6-2

将素材（案例素材\第6章\6.1）导入剪映，在未选中任何素材的情况下，点击底部工具栏中的【滤镜】按钮，如图6-5所示。

在下一级工具栏中点击【新增滤镜】按钮，如图6-6所示。打开滤镜面板，该面板包含了多种滤镜类型，用户根据画面主题选择合适的滤镜效果即可。切换到【美食】组，然后在具体类型中选择【轻食】效果，在下方会出现调节轴，用户可根据需要在默认数值的基础上进行调节，完成后点击右下角的【√】按钮即可，如图6-7所示。

执行以上操作会在轨道区域生成一段可调节时长和位置的滤镜素材，选中该素材，可对其进行编辑、删除等操作。

  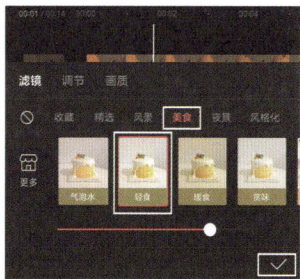

图6-5 图6-6 图6-7

6.2　添加动画效果

在视频剪辑过程中，对视频素材完成基本的调整之后，如果仍然觉得画面比较单调，还可以为画面添加动画效果，使画面更加丰富，从而增强画面的感染力。剪映自带的动画效果有三大类，分别是入场动画、出场动画和组合动画，下面分别介绍。

6.2.1　入场动画

入场动画是指视频或图片进入视线的方式。将素材（案例素材\第 6 章\6.2\ 照片 1、案例素材\第 6 章\6.2\ 照片 2）导入剪映，选中轨道中的第 1 段素材，点击下方工具栏中的【动画】按钮，如图 6-8 所示。打开动画面板，默认打开【入场动画】选项卡，用户可以从中选择并应用任意效果，如选择【放大】效果，拖动下方滑块可以设置动画持续时间，如图 6-9 所示，完成后点击【√】按钮。

6.2.2　出场动画

出场动画是指视频或图片离开视线的方式。打开动画面板后，切换到【出场动画】选项卡，选择一种出场动画效果，如【旋转】效果，可以在设置好的入场动画持续时间的基础上，继续设置出场动画的持续时间，完成后点击【√】按钮，如图 6-10 所示。

图6-8　　　　　　　　图6-9　　　　　　　　图6-10

6.2.3　组合动画

组合动画与前两种动画不同，一般作用于整段视频素材。组合动画比较适合用来制作电子相册类的视频，产生让照片动起来的效果。

打开剪映，选中轨道中的第2段素材，点击下方工具栏中的【动画】按钮，如图6-11所示。打开动画面板，切换到【组合动画】选项卡，选择一种组合动画效果，如【晃动旋出】效果，在下方同样可以设置持续时间，完成后点击【√】按钮，如图6-12和图6-13所示。

图6-11

图6-12

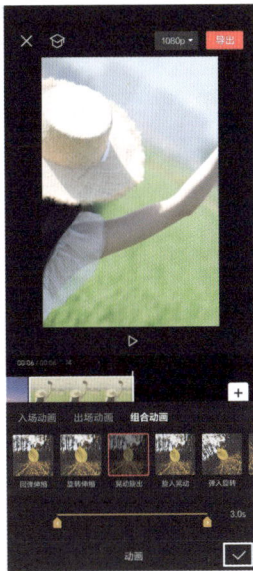
图6-13

6.2.4　关键帧动画

除剪映自带的三大类动画效果外，用户还可以通过关键帧自定义动画效果。关键帧是指角色或者物体运动或变化中关键动作所处的那一帧。在剪映中，可以通过创建关键帧，实现随时间更改属性值自动生成动画的效果。一个简单的运动效果至少需要两个关键帧，一个关键帧对应变化开始的值，另一个关键帧对应变化结束的值。两个关键帧中间的动作叫作过渡帧或者中间帧，由软件自动添加。添加以上两个关键帧（第一个关键帧为开始运动的位置，第二个关键帧为运动结束的位置），可以实现素材的均匀移动效果。下面介绍关键帧的设置方法。

（1）将素材（案例素材\第6章\6.2\公园湖面）导入剪映，然后点击工具栏中的【画中画】按钮，如图6-14所示。点击下一级工具栏中的【新增画中画】按钮，如

图 6-15 所示。将"神龙影像"图片素材（案例素材\第 6 章\6.2\神龙影像）添加到画中画轨道中。

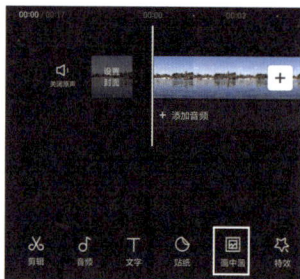

图6-14

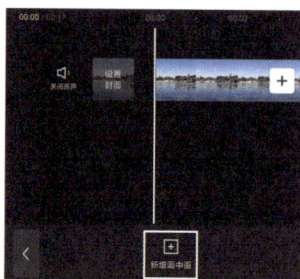

图6-15

（2）选中插入的图片素材，在预览区域通过双指缩放将其缩小并移至左上角，然后点击中间工具栏中的【关键帧】按钮◈，如图 6-16 所示。按住图片素材右侧的◗按钮，延长素材时长并将播放指针移至第 5 秒处，然后将预览区域左上角的"神龙影像"图片移至右下角，此时在第 5 秒处会自动生成关键帧，如图 6-17 所示。

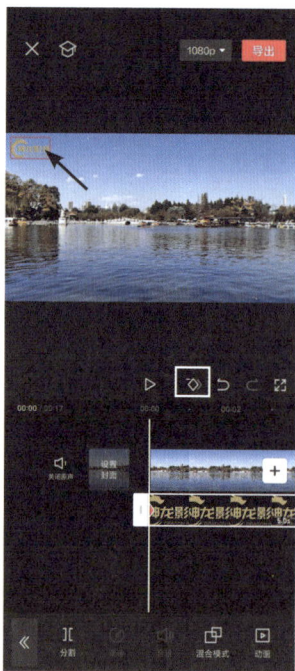

图6-16

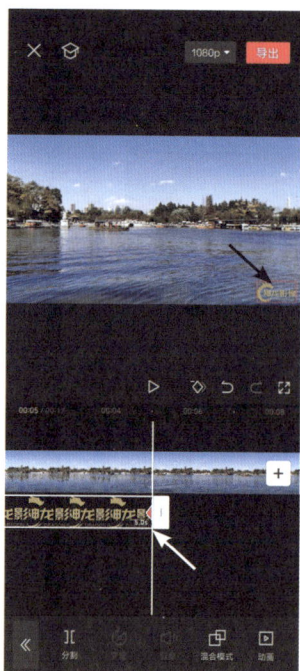

图6-17

（3）按住图片素材右侧的◗按钮，延长素材时长并将播放指针移至第 10 秒处，然后将预览区域右下角的"神龙影像"图片移至左上角，此时在第 10 秒处会自动生成关键帧，如图 6-18 所示。

（4）选中图片素材，点击工具栏中的【复制】按钮，如图6-19所示。然后选中复制出的图片素材，将其调节至与视频素材相同的长度，如图6-20所示。

设置完成后，预览视频，可以看到图片素材始终在视频左上角与右下角之间来回移动，并且移动速度是均匀的。

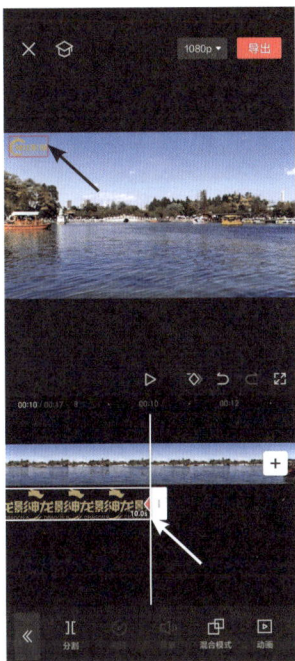  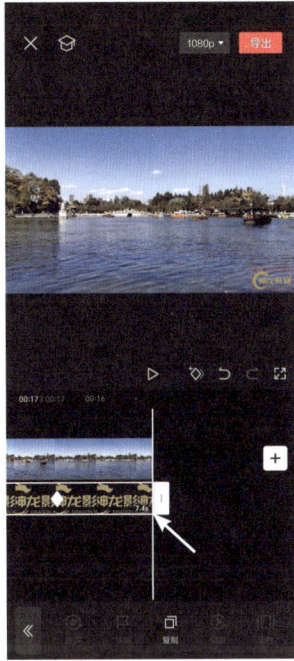

| 图6-18 | 图6-19 | 图6-20 |

素养课堂

学习需要循序渐进

宋代著名教育家朱熹说过，"读书之法，在循序而渐进，熟读而精思。"意思是读书的方法就是要慢慢来、一点一点进行，多读几遍，遇到问题多思考。读书贵在思考，是一个循序渐进、长期的过程。

学习要循序渐进，就是指学习要由浅入深，由易到难，由此及彼，由表及里，由低级到高级，由简单到复杂，由少到多，从而逐步达到理想的效果。学习要循序渐进，这不仅是前人经验的总结，还是由事物本身的性质所决定的，即事物都有它严密的内在逻辑关系，我们只有逐步地学习，才能真正掌握。这表明，循序渐进的学习方法并不是主观随意提出来的，而是由事物的客观规律所决定的。

依照循序渐进的原则，我们在学习中自然要量力而行，逐渐积累。科学知识有其系统，人的身心发展也有其过程。因此，学习时要考虑自己的接受能力，不宜求之过急，以防贪多嚼不烂；还要注意学习的阶段性，在一定的心智条件下学一定的内容，既不能错过学习良机，又不能勉强"超前"，脱离智力发育的实际情况。如此，才能将知识从一点一滴积累成江河。

6.3 添加转场效果

转场是场景与场景之间、镜头与镜头之间的过渡与转换。转场能使两个场景或镜头之间的衔接更自然、和谐。恰当的转场不仅能够流畅地衔接画面，还能够带动观众的情绪，实现更好的观看效果。

6.3.1 不同转场方法及应用场景

转场方法有很多，通常可以分为无技巧转场和技巧转场两大类。

微课6-3

1. 无技巧转场

无技巧转场是利用上下镜头，通过内容、造型上的内在关联来转换时空，连接场景，使镜头连接、段落过渡自然流畅，无附加技巧痕迹的转场方法。无技巧转场的思路产生于前期拍摄过程，并于后期剪辑阶段通过镜头组接来实现。

无技巧转场的主要类型有遮挡镜头转场、空镜头转场、同一主体转场和运镜转场。

（1）遮挡镜头转场。遮挡镜头转场是指画面中的主体或其他元素迎着镜头运动，直至完全遮挡住镜头，呈现黑屏，下一个镜头中主体又远离镜头，实现场景自然过渡的转场方法。例如，人物主动伸手遮挡镜头或者用道具来遮挡镜头。

图6-21所示的视频画面中，从橙子滚动到充满画面的镜头转至切橙子的镜头，以拍摄主体橙子遮挡画面，这样的转场自然生动、不留痕迹。

图6-21

（2）空镜头转场。空镜头就是只有景物没有人物的镜头，可以是全景也可以是景物特写。如果是同一人物的两个镜头，人物处于不同场景或景别不同，将这两个镜头直接衔接起来就容易让人感觉生硬和突兀，衔接不自然，这时我们就可以在两个镜头之间加入一个没有人物只有景物的镜头作为过渡镜头（图6-22中的镜头二），这个镜头就是空镜头。

镜头一　　　　　　　　　　　镜头二　　　　　　　　　　　镜头三

图6-22

📖 小贴士

在视频中引出下一个场景时，空镜头可以起到承上启下的作用，也可以调整前后镜头的逻辑关系。在两个不同场景的镜头中插入一个没有具体事件的空镜头，可以实现镜头间的自然过渡。

（3）同一主体转场。同一主体转场是指每一个场景都用同一个主体来衔接，从而使上下镜头有承接关系的转场方法，其中的主体可以是人也可以是物。简单来说，连续几个镜头之间有相同的元素存在，这样就使画面有了同一性，也就有了承接性。拍摄图6-23所示的短视频时，3个镜头都有相同的人物，画面有了连续性，想象空间更大，短视频的故事感也更强。

图6-23

（4）运镜转场。运镜转场使用相同的运镜方式来拍摄不同的场景，学会运镜转场很重要。图6-24所示为用移镜头和跟镜头的运镜方式（参考3.2.5小节的内容）拍摄处于不同场景的同一人物，所以出现了叠加的移动跟随效果。使用运镜转场可以保证每个场景画面节奏的一致性，使整体画面更有气势。

图6-24

2. 技巧转场

技巧转场是指通过后期剪辑软件中提供的转场特效，对两个画面进行特效处理，完成场景转换的方法。几乎所有的短视频编辑软件都自带多种转场效果，剪映中比较常用的技巧转场类别主要有叠化、运镜、幻灯片和光效 4 个。

（1）叠化。叠化类别中包含闪黑、闪白、雾化、叠化、叠加、云朵、渐变擦除、撕纸、水墨、色彩溶解等转场效果，这类转场效果主要通过平缓的叠化、推移运动来实现两个画面的切换。图 6-25 所示为叠化类别中"水墨"效果的展示。

图6-25

（2）运镜。运镜类别中包含吸入、推近、拉远、抖动、顺时针旋转、逆时针旋转、向右、震动等转场效果，这类转场效果主要通过产生回弹和运动模糊特效来实现两个画面的切换。图 6-26 所示为运镜类别中"推近"效果的展示。

图6-26

（3）幻灯片。幻灯片类别中包含向上擦除、向下擦除、左移、右移、百叶窗、风车、万花筒等转场效果，这类转场效果主要通过一些简单的画面运动和图形变化来实现两个画面的切换。图 6-27 所示为幻灯片类别中"风车"效果的展示。

图6-27

（4）光效。光效类别中包含炫光、泛白、泛光、光束、闪光灯等转场效果，这类转场效果主要通过炫酷的灯光特效实现两个画面的切换。图 6-28 所示为光效类别中"光束"效果的展示。

图6-28

在剪映中，除上述 4 个转场类别外，还包含模糊、拍摄、扭曲、故障、分割、自然、MG 动画、综艺等多种转场，当然随着软件版本的升级，会有更多、更丰富的转场效果。不同转场效果的应用场景也有所不同。一般情况下，唯美、抒情风格的短视频可应用叠化或运镜类的转场效果；知识、课程分享、口播类的短视频可应用幻灯片或拍摄类的转场效果；运动、产品、Vlog 类的短视频可应用光效或 MG 动画类的转场效果；搞笑、娱乐类的短视频可应用综艺类的转场效果。

6.3.2 使用叠化转场效果

（1）将素材（案例素材 \ 第 6 章 \6.3\6.3.2）导入剪映，在未选中任何素材的情况下，点击两段素材中间的 ┃ 按钮，如图 6-29 所示。

（2）打开【转场】栏，选择【叠化】选项卡中的【叠化】效果，将转场时间调整为 1 秒，点击【全局应用】按钮，点击【√】按钮，如图 6-30 所示。此时，所有片段均被添加了同一转场效果，如图 6-31 所示。

微课6-4

图6-29

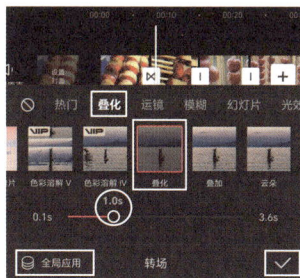

图6-30

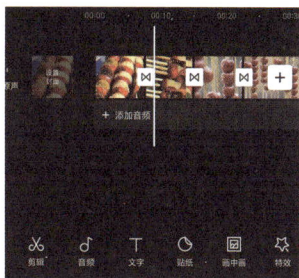

图6-31

操作完成后预览视频，叠化转场效果如图 6-32 所示。

图6-32

6.3.3　使用运镜转场效果

（1）将素材（案例素材\第 6 章\6.3\6.3.3）导入剪映，在未选中任何素材的情况下，点击两段素材中间的 Ⅰ 按钮，如图 6-33 所示。

（2）打开【转场】栏，选择【运镜】选项卡中的【逆时针旋转】效果，将转场时间调整为 1 秒，点击【全局应用】按钮，点击【√】按钮，如图 6-34 所示。此时，所有片段均被添加了同一转场效果，如图 6-35 所示。

微课6-5

图6-33

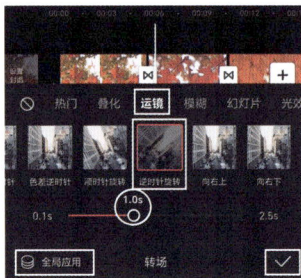
图6-34

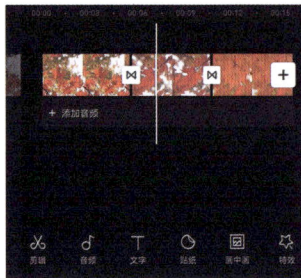
图6-35

操作完成后预览视频，逆时针旋转转场效果如图 6-36 所示。

图6-36

6.3.4　使用幻灯片转场效果

（1）将素材（案例素材\第 6 章\6.3\6.3.4）导入剪映，在未选中任何素材的情况下，点击两段素材中间的 Ⅰ 按钮，如图 6-37 所示。

（2）打开【转场】栏，选择【幻灯片】选项卡中的【倒影】效果，将转场时间调整为 1 秒，点击【全局应用】按钮，点击【√】按钮，如图 6-38 所示。此时，所有片段均被添加了同一转场效果，如图 6-39 所示。

操作完成后预览视频，倒影转场效果如图 6-40 所示。

微课6-6

图6-37　　　　　　　　　图6-38　　　　　　　　　图6-39

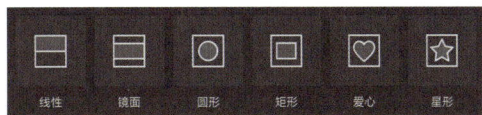

图6-40

6.4　使用蒙版和特效

6.4.1　认识蒙版

蒙版也称为"遮罩"，是视频编辑处理时非常实用的一项功能。在剪映中，如果用户想让画面中的某个部分以几何图形的状态在另一个画面中显示，则可以使用蒙版功能来实现。

微课6-7

剪映为用户提供了几种不同形状的蒙版——线性、镜面、圆形、矩形、爱心、星形，如图6-41所示。

图6-41

（1）线性蒙版。线性蒙版用于在视频或者图片上创建一个渐变遮罩，使得视频或者图片的某些区域变得透明或者半透明。线性蒙版可以通过调整起止点、角度、透明度等属性来达到更好的视觉效果。

（2）镜面蒙版。镜面蒙版主要用来隐藏视频或图片的某些区域，或者突出显示某些区域，从而实现一些特殊的视觉效果。镜面蒙版可以通过调整大小、位置、角度等属性来调整视频。

（3）圆形蒙版。圆形蒙版主要用来隐藏视频或图片的某些区域，或者突出显示某个区域，可以创建出一个圆形的遮罩，从而实现一些特殊的视觉效果，如将视频或图片呈现为圆形或者突出显示某个物体等。圆形蒙版可以通过调整大小、位置、透明度等属性来调整视频。

（4）矩形蒙版。矩形蒙版主要用来隐藏视频或图片的某些区域，或者突出显示某些区域，从而实现一些特殊的视觉效果。矩形蒙版可以通过调整大小、位置、透明度等属性来进一步调整视频，通常被用于创建一些与画面分割、画中画等相关的视频或图片，如电影中的分镜头效果、播报中的画中画效果等。

（5）爱心蒙版。爱心蒙版主要用来隐藏视频或图片的某些区域，可以创建出一个爱心形状的遮罩，从而实现一些特殊的视觉效果。爱心蒙版可以通过调整大小、位置、透明度等属性来调整视频，通常被用于创建一些浪漫、温馨或者与节日相关的视频或图片等。

（6）星形蒙版。星形蒙版主要用来隐藏视频或图片的某些区域，可以创建出一个星形的遮罩，从而实现一些特殊的视觉效果。星形蒙版可以通过调整大小、位置、透明度等属性来调整视频，通常被用于创建一些与星星、夜空、宇宙相关的视频或图片等。

6.4.2　添加并编辑蒙版

在剪映中添加并编辑蒙版的操作如下。

（1）将素材（案例素材\第6章\6.4\6.4.2\背景）导入剪映，在未选中素材的情况下，点击工具栏中的【画中画】按钮，在下一级工具栏中点击【新增画中画】按钮，添加素材（案例素材\第6章\6.4\6.4.2\花束）。

微课6-8

（2）选中"花束"素材，点击工具栏中的【蒙版】按钮，如图6-42所示。然后在【蒙版】栏中选择【爱心】选项，如图6-43所示。再次点击【爱心】选项可调整蒙版参数，如图6-44所示。设置完成后选中画中画素材并移动位置，效果如图6-45所示。

图6-42

图6-43

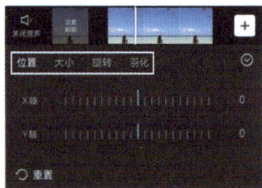

图6-44

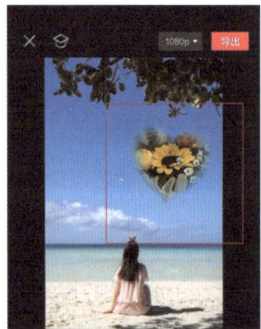

图6-45

6.4.3　一键添加画面特效

剪映为用户提供了丰富的画面特效，能够帮助用户轻松实现炫酷的视频效果。在剪映中添加画面特效的操作如下。

微课6-9

将素材（案例素材\第6章\6.4\6.4.3\荡秋千）导入剪映，在未选中素材的情况下，点击工具栏中的【特效】按钮，如图6-46所示，然后点击【画面特效】按钮，如图6-47所示。在【氛围】选项卡下选择【泡泡】选项，如图6-48所示。再次点击【泡泡】选项可打开【调整参数】栏，从中调整速度和不透明度，如图6-49所示。调整特效素材的时长至与视频素材的时长相同，如图6-50所示。

图6-46

图6-48

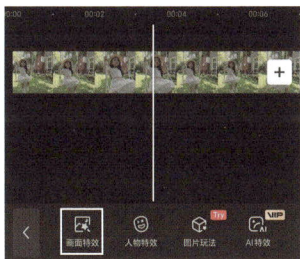

图6-47

图6-49

图6-50

6.4.4　添加有趣的人物特效

除画面特效外，剪映还为用户提供了有趣的人物特效，如情绪、头饰、挡脸、装饰、手部、形象等。在剪映中添加人物特效的操作如下。

微课6-10

（1）将素材（案例素材\第6章\6.4\6.4.4\国风少女）导入剪映，在未选中素材的情况下，点击工具栏中的【特效】按钮，然后点击【人物特效】按钮，如图6-51所示。

（2）在【形象】选项卡下选择【可爱女生】选项，如图6-52所示。再次点击【可爱女生】选项可打开【调整参数】栏，从中调整参数大小。人物特效应用效果如图6-53所示。

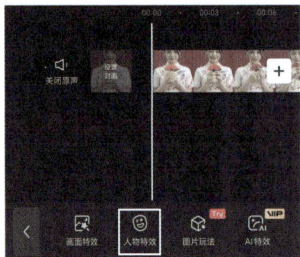

图6-51　　　　　　　　图6-52　　　　　　　　图6-53

6.4.5　制作分身效果短视频

要制作分身效果短视频，首先需要录制一段视频素材，注意一定不要移动相机或手机，控制好距离，动作尽量不要重叠。

下面使用剪映来剪辑分身效果短视频，主要用到的功能有画中画和蒙版。具体操作步骤如下。

微课6-11

（1）打开剪映，导入视频素材（案例素材\第6章\6.4\6.4.5\走过长廊），将播放指针移至视频第8秒处，并将其选中，然后点击下方工具栏中的【分割】按钮，将视频分为两部分。

（2）分割完成后，选中第二段视频素材，在下方工具栏中找到并点击【切画中画】按钮。第二段视频素材则会跳转到下面的轨道中，长按并拖动第二段视频素材，将其结尾处与第一段视频素材结尾处对齐。

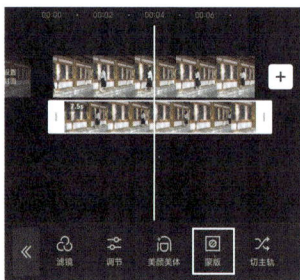

图6-54

（3）选中第二段视频素材，在下方工具栏中找到并点击【蒙版】按钮，如图6-54所示。在打开的界面中，选择【线性】选项，如图6-55所示。

（4）再次点击【线性】选项，可打开【调整参数】栏。切换到【位置】选项卡，将"X轴"的值调整为35，如图6-56所示。

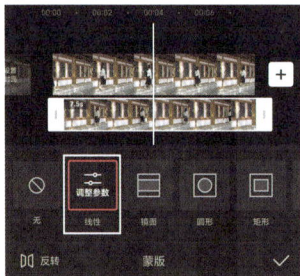
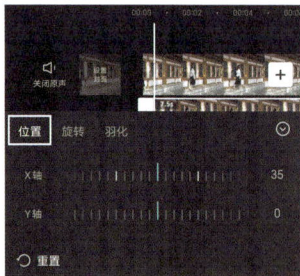

图6-55　　　　　　　　图6-56

（5）切换到【旋转】选项卡，将数值调整为90°，如图6-57所示。

（6）切换到【羽化】选项卡，将数值调整为50，如图6-58所示。

（7）预览视频即可看到人物分身的效果，如图6-59所示。完成后导出视频即可。

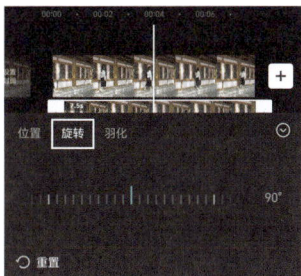 

图6-57　　　　　　　　　　图6-58　　　　　　　　　　图6-59

6.5　实战案例指导：对画面进行智能抠像

对于拍摄好的视频，如果对背景不满意，可以使用剪映中的智能抠像功能将人像抠出来，然后替换成自己喜欢的背景，具体操作如下。

（1）打开剪映，导入视频素材（案例素材＼第6章＼6.5＼国风少女）。选中轨道中的素材，点击下方工具栏中的【抠像】按钮，如图6-60所示。在下一级工具栏中点击【智能抠像】按钮，如图6-61所示。

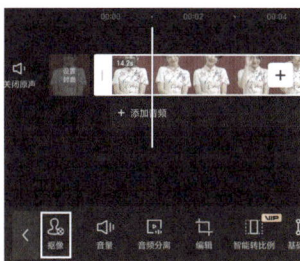 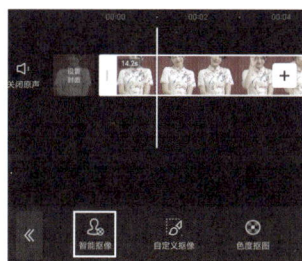

图6-60　　　　　　　　　　图6-61

（2）抠像完成后，效果如图6-62所示。如果对效果满意，点击右下角的【√】按钮即可，如图6-63所示。

（3）点击返回按钮，返回上一级工具栏，点击【背景】按钮，如图6-64所示。在下一级工具栏中点击【画布样式】按钮，如图6-65所示。

图6-62

图6-63

图6-64

图6-65

（4）在剪映提供的多种画布样式中选择一种合适的样式，然后点击右下角的【√】按钮应用即可，如图6-66所示。

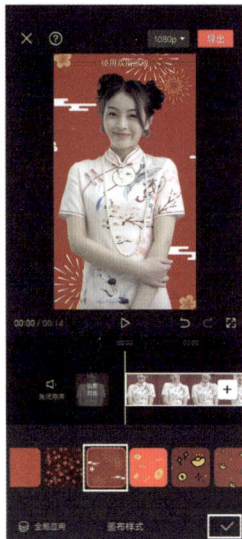

图6-66

实训1：为短视频添加"复古胶片"滤镜

【实训目标】

本次实训通过剪映为短视频添加"复古胶片"滤镜，具体操作思路如下。

【实训思路】

（1）将素材（案例素材\第6章\实训1\郊游看书）导入剪映中，在未选中任何素材的情况下，点击底部工具栏中的【滤镜】按钮，如图6-67所示。

（2）打开滤镜面板，该面板包含了多种滤镜类型，用户根据画面主题选择合适的滤镜效果即可。切换到【复古胶片】组，然后在具体类型中选择【1980】效果，在下方会出现调节轴，用户可根据需要在默认数值的基础上进行自定义调节，完成后点击右下角的【√】按钮即可，如图6-68所示。调整后的效果如图6-69所示。

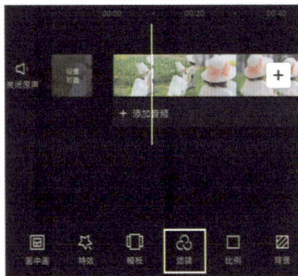

图6-67

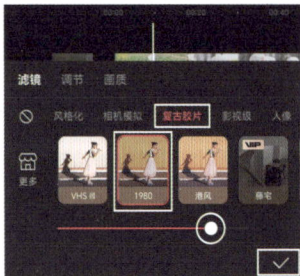

图6-68

图6-69

实训2：制作动感照片短视频

【实训目标】

本次实训通过剪映的动画和特效功能制作动感照片短视频，具体操作思路如下。

【实训思路】

（1）将素材（案例素材\第6章\实训2）导入剪映中，进入剪辑界面，在未选中素材的情况下，点击工具栏中的【比例】按钮，选择【9：16】，然后点击【√】按钮，如图6-70所示。

（2）将背景设置为白色。点击工具栏中的【背景】按钮，然后点击【画布颜色】按钮，选择白色，点击【全局应用】按钮，然后点击【√】按钮，如图6-71所示。

（3）添加动画效果。选中轨道中的第一张图片，点击工具栏中的【动画】按钮，在【组合动画】选项卡下选择【晃动旋出】效果，设置动画时长为3秒，点击【√】按钮，如图6-72所示。按同样的方法对每一张图片设置同样的动画效果。

| 图6-70 | 图6-71 | 图6-72 |

（4）添加特效。点击下方工具栏中的【特效】按钮，然后点击【画面特效】按钮，选择【动感】选项卡下的【蹦迪光】选项，再次点击【蹦迪光】选项可调整参数，如图6-73所示。

（5）返回上一级工具栏，再次添加画面特效，选择【基础】选项卡下的【变清晰】选项，再次点击【变清晰】选项可调整参数，如图6-74所示。

（6）设置完成后调整特效时长至与图片素材的时长相同，如图6-75所示。

（7）预览视频并导出视频。

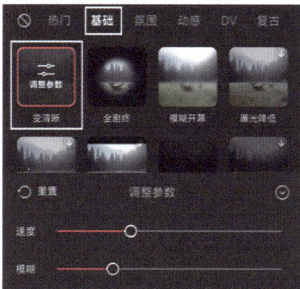
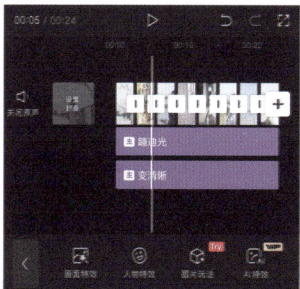

| 图6-73 | 图6-74 | 图6-75 |

实训3：制作画面融合效果

【实训目标】

本次实训以剪辑旅拍 Vlog 短视频为例，巩固练习画面融合效果的应用。

【实训思路】

（1）将素材（案例素材\第6章\实训3）导入剪映中，选中素材2，点击下方工具栏中的【切画中画】按钮。然后按住素材2将其拖至轨道开头，与素材1对齐。

（2）选中素材2，点击下方工具栏中的【混合模式】按钮，如图6-76所示。打开【混合模式】栏，选择【叠加】效果，拖动下方滑块调整混合程度，完成后点击【√】按钮，如图6-77所示。

（3）在预览界面通过双指缩放并拖动来调整融合画面的大小和位置，最终效果如图6-78所示。

图6-76   图6-77   图6-78

思考与练习

一、选择题

1. （多选）剪映自带的动画效果有三大类，分别是（　　　）。

    A. 入场动画　　　B. 出场动画　　　C. 自定义动画　　D. 组合动画

2. （单选）（　　　）是场景与场景之间、镜头与镜头之间的过渡与转换。

    A. 动画　　　　　B. 转场　　　　　C. 特效　　　　　D. 调节

3. （多选）以下转场方法中属于无技巧转场的有（　　　）。

    A. 空镜头转场　　　　　　　　　B. 同一主体转场

    C. 遮挡镜头转场　　　　　　　　D. 叠化转场

二、填空题

1. 调节画面色调是短视频编辑过程中必不可少的一项操作，不同的画面色调可以表达不同的（　　），传递不同的（　　）。

2.（　　）是指画面中的主体或其他元素迎着镜头运动，直至完全遮挡住镜头，呈现黑屏，下一个镜头中主体又远离镜头，实现场景自然过渡的转场方法。

3. 在剪映中，如果用户想让画面中的某个部分以几何图形的状态在另一个画面中显示，则可以使用（　　）功能来实现。

三、判断题

1. 色温用于调整图像中色彩的冷暖倾向。数值越大，图像越偏于暖色；数值越小，图像越偏于冷色。（　　）

2. 亮度用于调整整个图像的明亮程度，数值越高，图像越暗。（　　）

3. 空镜头就是只有景物没有人物的镜头，可以是全景也可以是景物特写。（　　）

四、简答题

1. 简述视频剪辑的转场方法。

2. 简述剪映中调节画面色调的方法。

3. 简述剪映自带的动画效果。

五、实操题

1. 拍摄并制作一个分身效果短视频。

2. 自选主题拍摄一段朗诵短视频，使用智能抠像功能更换背景。

第 7 章

短视频音频的应用

学习目标

1. 学会处理视频素材中的音频
2. 掌握添加音乐的方法
3. 掌握处理音频素材的方法
4. 掌握录制和编辑声音的方法
5. 掌握制作音乐卡点视频的方法

素养目标

1. 提高学生的音乐素养
2. 培养学生正确表达情绪的能力

引导案例

　　优质的短视频往往带有优质的背景音乐，合适的背景音乐能让短视频更加精彩。音乐配合内容带来的听觉震撼和冲击力很大。

　　短视频平台对音乐的重视并非一朝一夕，抖音便是靠"专注于年轻人的音乐短视频社区"的定位而在短视频领域后来居上的。如今热门音乐排行榜中，TOP100的热门歌曲几乎都曾出现在短视频中，被广大网友作为背景音乐使用。例如，《星辰大海》《千千万万》等歌曲在短视频平台上的火爆让音乐营销受到了广泛关注。

　　音乐成为提升短视频吸引力的重要因素，许多品牌便是凭借广告音乐在短视频平台实现了"破圈"。例如，蜜雪冰城凭借主题曲中重复出现的13个字的歌词"你爱我，我爱你，蜜雪冰城甜蜜蜜"收获上亿流量，其抖音话题最高播放量达55亿人次，累计播放量已突破上百亿人次。

思考题：

1. 结合案例内容，谈谈你对短视频背景音乐的认识。
2. 分享一首"爆款"短视频背景音乐，谈谈你认为它成为"爆款"的原因。

7.1　处理视频素材中的音频

用户在剪辑视频素材时，经常需要编辑带有原声的视频素材。剪映提供了关闭视频原声、消除视频中的噪声、音频分离等功能。下面介绍一下具体内容。

微课7-1

7.1.1　关闭视频原声

用户在剪辑带有原声的视频素材时，如果不想播放原声，可以将其关闭。

打开剪映，导入带有原声的视频素材（案例素材 \ 第 7 章 \7.1）后，点击轨道最左侧的【关闭原声】按钮即可关闭视频原声，如图 7-1 所示。此时该按钮会呈现图 7-2 所示的状态，并提示"原声已全部关闭"。如果想恢复视频原声，点击【开启原声】按钮即可，此时按钮状态如图 7-3 所示，并提示"原声已全部开启"。

　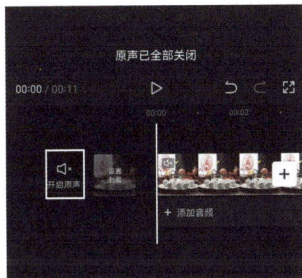　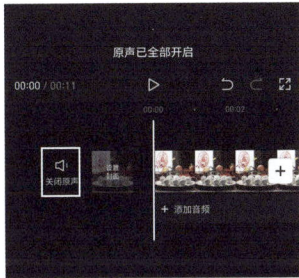

图7-1　　　　　　　图7-2　　　　　　　图7-3

> **小贴士**
>
> 用户在点击【关闭原声】按钮后，轨道中所有带有原声的视频素材都将关闭原声。
>
> 除以上方法外，用户还可通过两种方法来关闭原声。一是调节音量为0，音量调节的方法请参见7.3.1小节的内容；二是分离音频后删除，分离音频的方法请参见7.1.3小节的内容，删除音频的方法请参见7.3.2小节的内容。

7.1.2　消除视频中的噪声

在拍摄视频时，由于环境因素的影响，拍摄的视频素材中经常会夹杂着一些杂音。为了提高视频的质量，剪映为用户提供了视频降噪功能，可以帮助用户去除视频中的杂音、噪声等。

打开剪映，在视频轨道中选中需要去除噪声的视频素材，然后点击下方工具栏中的【降噪】按钮，如图 7-4 所示。此时打开【降噪】栏，打开【降噪开关】，如图 7-5 所示。

剪映会自动进行视频降噪处理，完成后点击【√】按钮即可，如图 7-6 所示。

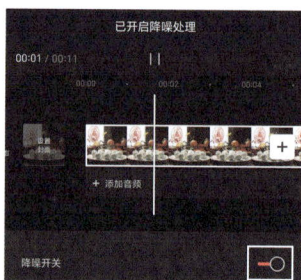
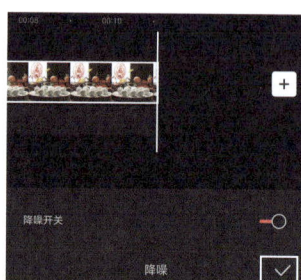

图7-4   图7-5   图7-6

7.1.3 音频分离

剪映为用户提供了音频分离功能，可以将视频素材中的音频分离出来。

打开剪映，在轨道中选中需要分离音频的视频素材，然后点击下方工具栏中的【音频分离】按钮，如图 7-7 所示。分离出的音频会显示在下方轨道，如图 7-8 所示。选中分离出的音频素材，如图 7-9 所示，可对其单独进行编辑操作。

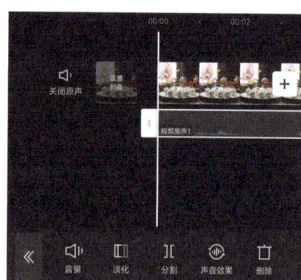

图7-7   图7-8   图7-9

7.2 添加音乐

一个完整的短视频作品，少不了音乐这个要素。原本普通的视频画面，搭配合适的背景音乐，就会更加吸引人。下面介绍在剪映中添加音乐的方法。

微课7-2

7.2.1 在乐库中选择音乐

剪映为用户提供了一个音乐素材库，包含了各种类型的音乐。用户可以根据剪辑需要，从中选择合适的音乐。

　　打开剪映，导入视频素材（案例素材＼第 7 章＼7.2＼江南烟雨）后，将播放指针移动到需要的位置，这里移动到视频素材开头，在未选中素材的状态下，点击下方工具栏中的【音频】按钮，如图 7-10 所示。点击下一级工具栏中的【音乐】按钮，如图 7-11 所示。打开音乐素材库，可以看到各种音乐类型，这里选择【国风】类别，如图 7-12 所示。【国风】类别下有多首音乐，用户点击任意一首音乐即可进行试听，如图 7-13 所示。

图7-10

图7-11

图7-12

图7-13

　　此外，用户点击音乐名称右侧的功能按钮即可对音乐进行进一步操作，各按钮的说明如下。

　　【收藏】按钮☆：点击该按钮可将音乐添加至音乐素材库的【我的收藏】中，方便下次使用。

　　【下载】按钮↓：点击该按钮可下载音乐，下载完成后会自动播放。

　　【使用】按钮 使用：音乐下载完成后将出现该按钮，点击该按钮可将音乐添加至剪辑项目中，如图 7-14 所示。

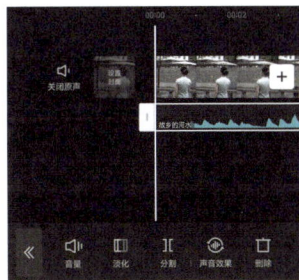

图7-14

7.2.2　添加抖音收藏的音乐

　　作为一款直接与抖音关联的短视频剪辑软件，剪映支持在剪辑项目中添加抖音中的音乐。在进行该操作之前，用户需要在剪映中登录自己的抖音账号。

　　打开抖音，进入主界面后在搜索框中输入"江南古风音乐"并点击【搜索】按钮，完成搜索后切换至【音乐】选项卡，选择一首音乐，如图 7-15 所示。在打开的界面中点击【收藏音乐】按钮，如图 7-16 所示。

　　打开剪映，进入视频编辑界面，将播放指针移动到视频素材开头，在未选中素材的状态下，点击下方工具栏中的【音频】按钮，然后点击下一级工具栏中的【抖音收藏】按钮，如图 7-17 所示。进入抖音收藏界面，可以看到抖音中收藏的音乐，试听后点击【使用】按钮，如图 7-18 所示，收藏的音乐即可被添加至剪辑项目中，如图 7-19 所示。

图7-15　　　　　　　　　　　　　图7-16

图7-17　　　　　　　　　图7-18　　　　　　　　　图7-19

7.2.3　一键提取视频中的音乐

剪映支持用户对本地视频进行音乐提取，即将本地视频中的音乐提取出来并单独应用到剪辑项目中。

打开剪映，进入视频编辑界面，将播放指针移动到视频素材开头，在未选中素材的状态下，点击下方工具栏中的【音频】按钮，然后点击下一级工具栏中的【提取音乐】按钮，如图 7-20 所示。进入素材选择界面，选择带有音乐的视频（案例素材\第 7 章 \7.2\ 提取音乐），然后点击【仅导入视频的声音】按钮，如图 7-21 所示。这样即可将视频中的音乐添加至剪辑项目中，如图 7-22 所示。

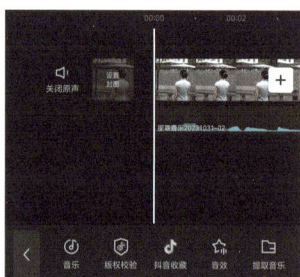

图7-20　　　　　　　　　图7-21　　　　　　　　　图7-22

小贴士

除了可以在视频编辑界面完成视频音乐的提取，用户还可以在音乐素材库中进行视频音乐的提取。

进入音乐素材库，点击【导入音乐】按钮，再点击【提取音乐】按钮，然后点击【去提取视频中的音乐】按钮，如图7-23所示。进入上文的图7-21所示的界面，选择带有音乐的视频，然后点击【仅导入视频的声音】按钮即可。这样可以将视频中的音乐提取至音乐素材库中，显示在图7-23的底部，点击【使用】按钮即可将其添加至剪辑项目中。

图7-23

7.2.4　导入本地音乐

剪映中除了可以使用剪映音乐素材库中的音乐、抖音中收藏的音乐和从本地视频中提取的音乐以外，用户还可以根据需要导入手机的本地音乐。

打开剪映，进入视频编辑界面，将播放指针移动到视频素材开头，在未选中素材的状态下，点击下方工具栏中的【音频】按钮，然后点击下一级工具栏中的【音乐】按钮，打开音乐素材库。点击【导入音乐】按钮，然后点击【本地音乐】按钮，界面下方即可展示手机本地的所有音乐，找到需要的音乐（案例素材\第7章\7.2\古风背景音乐），点击【使用】按钮即可，如图7-24所示。

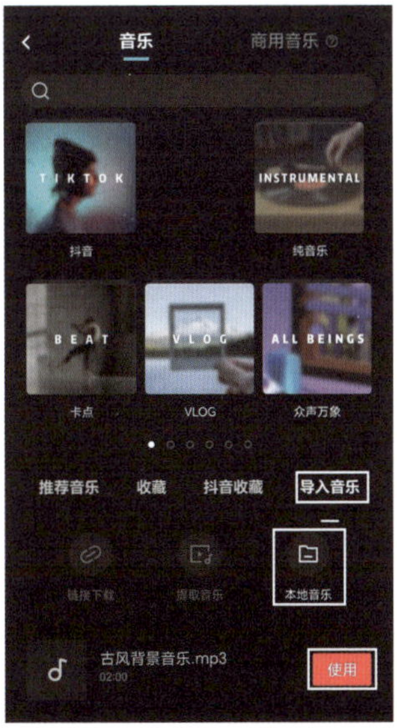

图7-24

📑 **小贴士**

苹果手机用户在剪映中使用本地音乐前，需通过iTunes在计算机中导入音乐并同步至手机。

7.2.5 添加多种音效

除音乐外，剪映还为用户提供了音效素材库，用户可根据需要为短视频添加不同类别的音效，增强短视频的感染力。

打开剪映，进入视频编辑界面，将播放指针移动到视频素材开头，在未选中素材的状态下，点击下方工具栏中的【音频】按钮，如图7-25所示，然后点击下一级工具栏中的【音效】按钮，如图7-26所示。打开【音效】栏，可以看到有笑声、综艺、机械、人声、环境音、手机、乐器、交通、运动等不同类别的音效。添加音效的方法与添加音乐的方法一致，选择类别，如【环境音】，然后找到需要的音效，点击名称即可进行试听，试听后点击【使用】按钮即可，如图7-27所示。这样即可将音效添加至剪辑项目中，如图7-28所示。

图7-25

图7-26

图7-27

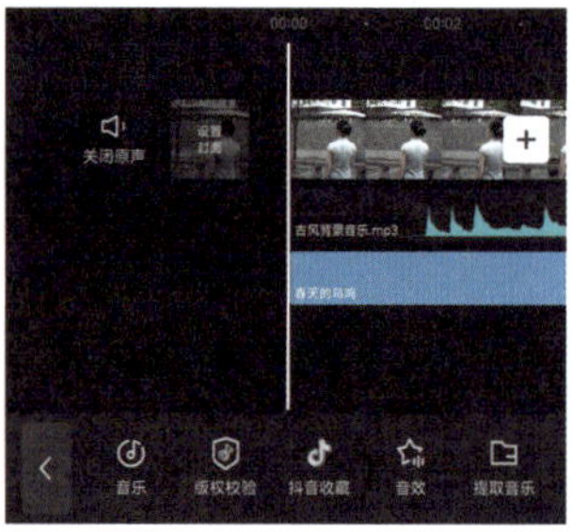

图7-28

📖 **素养课堂**　　　　　　　　　　**正确表达情绪**

我们有许多不同的情绪，如欢乐、生气、担心、害怕、难过、失望等，它们都是情绪的一部分。这些情绪为我们的生活增添了许多色彩，我们应无条件地接纳、正确识别和表达情绪。

表达情绪，可以让别人更了解你，而且因为你的表达，别人也会对你表达他的看法与情绪，这样你可以更了解别人。及时处理情绪是非常重要的，一旦感受到某种情绪，就要适当地将它表达出来，让对方明白，也让自己宣泄这种情绪，这样才能更积极、直接地处理问题。很多人因为不知如何表达情感，所以选择储存感受，而不直接处理它，导致了许多不良的结果，甚至影响身心健康。

音乐可以表达人的情绪，它在一定程度上很像人们在不同情绪下的诉说。音乐的旋律如同说话的语调，在表现兴奋、快乐的情绪时，音调会有较大的起伏，总体走向越来越高；在表现悲伤的情绪时，音调则会越来越低。音乐中的节奏与速度就像说话时表达的某种情绪，激动时节奏密集、短促、速度较快，相对平和时节奏平和、悠长，速度较慢。制作短视频时，搭配合适的音乐有利于情感的表达。

7.3 处理音频素材

剪映为用户提供了较为完备的音频处理功能，帮助用户在剪辑项目中对音频素材进行音量调节、分割、删除、复制、变速、淡入/淡出等操作。下面介绍具体内容。

微课7-3

7.3.1 调节音量

用户在剪辑短视频时，很多时候导入剪辑项目的音频素材会出现音量过大或过小的情况，为了满足不同的剪辑需求，需要对导入的音频素材的音量进行调整。调节音量的具体方法如下。

打开剪映，导入视频素材（案例素材\第 7 章\7.3\游玩视频），将播放指针移动到素材开头，添加音频素材（案例素材\第 7 章\7.3\公园游玩 BGM），如图 7-29 所示。然后选中轨道中导入的音频，点击工具栏中的【音量】按钮，如图 7-30 所示。打开【音量】栏，拖动滑块调节音量大小，完成后点击【√】按钮即可，如图 7-31 所示。

图7-29

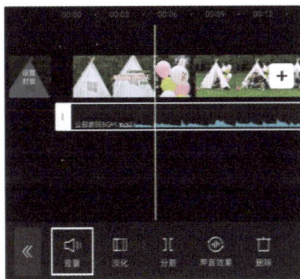
图7-30

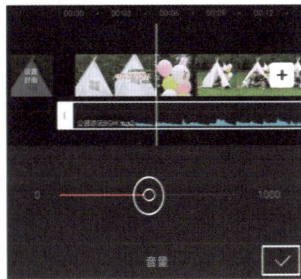
图7-31

7.3.2 分割、删除、复制音频素材

一首完整的歌曲时长往往有 3 分多钟，而短视频的时长相对较短。为了适应剪辑的需要，用户可以使用分割功能将音频分割为多段。

分割操作很简单。选中轨道中导入的音频，将播放指针移至需要进行分割的位置，这里移至视频素材结尾，然后点击下方工具栏中的【分割】按钮，如图 7-32 所示，即可将一段音频分割为两部分。

如果不需要轨道中的某段音频素材，可以将其删除。选中轨道中需要删除的音频，这里选中视频结束后多余的音频，然后点击下方工具栏中的【删除】按钮，如图 7-33 所示，即可将选中的音频删除。

若用户需要对某一段音频素材进行重复利用，则可对选中的音频进行复制操作。选中轨道中需要复制的音频，然后点击下方工具栏中的【复制】按钮，如图 7-34 所示，即可得到一段同样的音频。

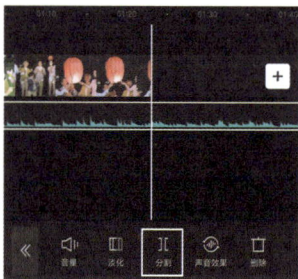
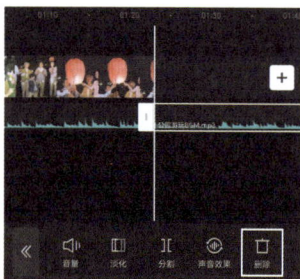
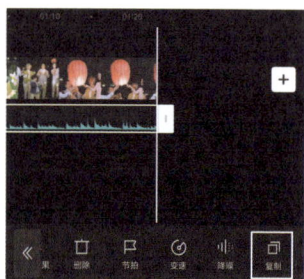

图7-32   图7-33   图7-34

小贴士

复制的音频素材一般会自动衔接在原音频素材的后方，若原音频素材后方的位置被占用，则复制的音频素材会自动衔接在新的轨道上，并始终在原音频素材的后方。用户可以根据实际需求来自行调整音频素材的顺序。

7.3.3 音频变速效果的制作

用户在进行短视频编辑时，需要根据视频内容，对音频进行变速处理，以便更符合内容节奏。设置音频变速的具体操作如下。

在轨道区域选中音频素材，在界面下方的工具栏中找到【变速】按钮（见图 7-35）并点击。在打开的【变速】栏中，将速度滑块向左或向右滑动即可进行减速或加速处理，调节完成后点击右下角的【√】按钮即可，如图 7-36 所示。

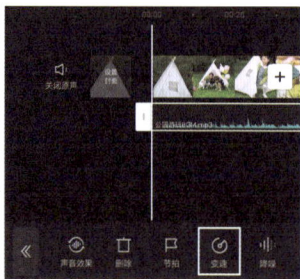
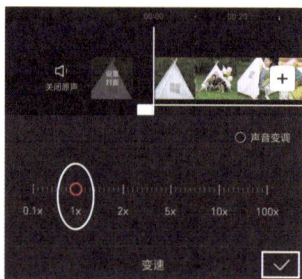

图7-35   图7-36

速度滑块停留在"1×"数值时，代表此时音频为正常速度播放；将滑块向左滑动时，音频会减速播放，素材时长变长；将滑块向右滑动时，音频会加速播放，素材时长变短。

小贴士

用户在制作音频变速效果时，如果想对旁白声音进行变调处理，可以点击【变速】栏右上角的【声音变调】按钮。操作完成后，人物说话的音调将会发生改变。

7.3.4 设置音频淡入/淡出效果

用户在对音频进行编辑时，对于没有前奏和尾声的音频素材，在其前后添加淡化效果，可以削弱音乐进出场的突兀感，使其听起来更加自然。音频淡化的操作如下。

在轨道区域选中音频素材，然后点击工具栏中的【淡化】按钮，如图7-37所示。在打开的【淡化】栏中，用户可以自行设置音频的淡入时长和淡出时长，本案例设置淡出时长为5秒，设置完成后点击右下角的【√】按钮即可，如图7-38所示。淡化后的音频素材会显示一条淡化线，效果如图7-39所示。

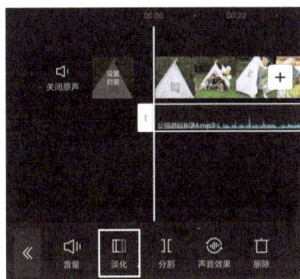
图7-37

图7-38

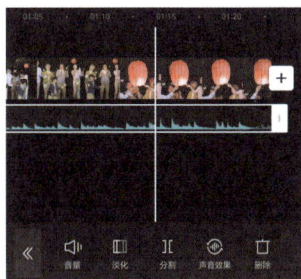
图7-39

7.4 声音的录制和编辑

很多时候短视频创作者需要对短视频内容进行配音，剪映为方便用户操作，提供了配音功能，用户可以在剪辑过程中实时完成旁白的录制和编辑工作。用户还可以对录制完成的声音进行变声处理，以形成个人特色，增强视频的趣味性。

微课7-4

7.4.1 使用剪映录制旁白

本案例为以读书为主题的短视频录制旁白，首先导入视频素材（案例素材\第7章\7.4\图书馆）。在剪辑项目中录制旁白前，首先需要将播放指针移至音频开始处，然后在未选中素材的状态下，点击工具栏中的【音频】按钮，在下一级工具栏中点击【录音】按钮，如

图 7-40 所示。在打开的界面中按住红色的录音按钮开始录制，在按住录音按钮的同时，轨道中将生成音频素材，录制完成后放开录音按钮，点击【√】按钮即可，如图 7-41 所示。选中录制完成的音频素材，可进行淡化、分割、删除等操作，如图 7-42 所示。

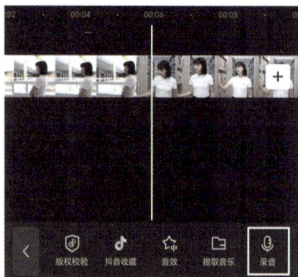
图7-40

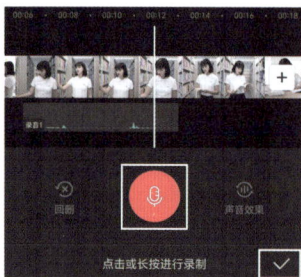
图7-41

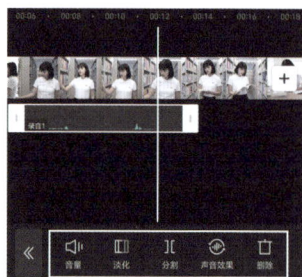
图7-42

小贴士

在使用剪映录制旁白时，最好连上耳麦，有条件的话可以配备专业的录制设备，这样能有效地提升声音质量。

7.4.2　变声效果的制作

剪映为用户提供了多种变声效果，用户可以根据剪辑需要选择合适的效果来应用。

选中轨道中的音频素材，点击工具栏中的【声音效果】按钮，如图 7-43 所示。进入【声音效果】栏，切换到【音色】选项卡，在【音色】选项卡中，有一部分音色是不需要收费的，选择【老人】选项，如图 7-44 所示。再次点击【老人】选项，可以打开【调整参数】栏，用户可以手动调整音调和音色，调整完成后，点击【√】按钮即可，如图 7-45 所示。

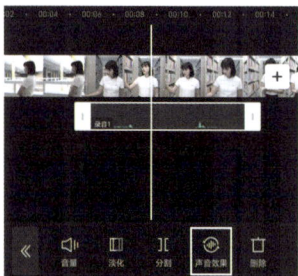
图7-43

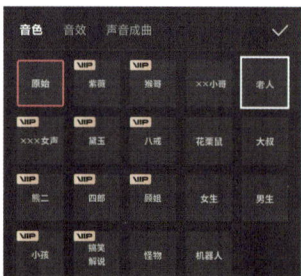
图7-44

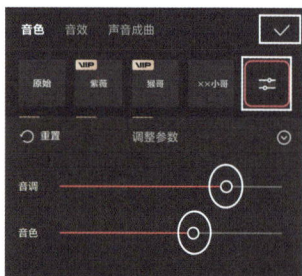
图7-45

7.5　制作音乐卡点视频

用户在剪辑短视频时，将视频画面的转换与音乐节奏点相匹配，可以使画面具有很强的节奏感。为了便于用户操作，剪映提供了音乐踩点功能。

微课7-5

7.5.1　音乐手动踩点

打开剪映，导入视频素材（案例素材\第7章\7.5），将播放指针移至视频开头，从音乐素材库中选择添加一首轻音乐。选中音频素材，点击工具栏中的【节拍】按钮，如图7-46所示。在打开的【节拍】栏中将播放指针移至需要进行标记的位置，点击【添加点】按钮（见图7-47）即可添加一个黄色的标记。如果对添加的标记不满意，将播放指针移至该处，点击【删除点】按钮（见图7-48）即可删除。操作完成后，点击【√】按钮。返回编辑界面，根据标记点对视频进行剪辑，效果如图7-49所示。

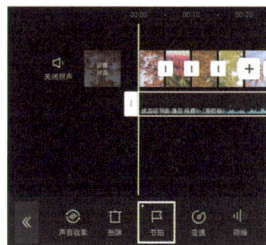

图7-46

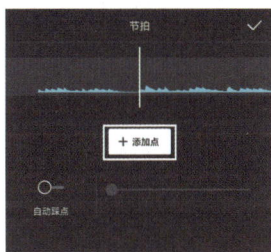

图7-47

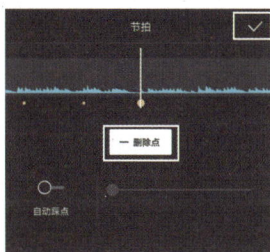

图7-48

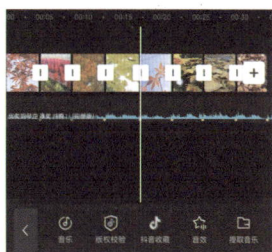

图7-49

7.5.2　音乐自动踩点

在【节拍】栏中，打开【自动踩点】，如图7-50所示，软件即可自动生成节拍点。节拍点生成的效果如图7-51所示，用户可以通过调节轴来手动调整节拍。图7-52所示为调整为慢节拍的效果。完成后点击【√】按钮保存即可。

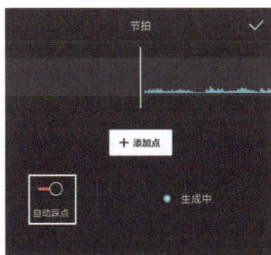

图7-50

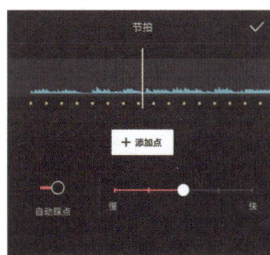

图7-51

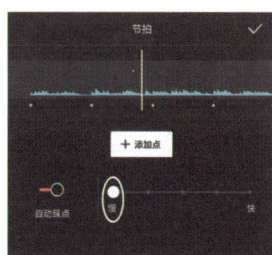

图7-52

7.6 实战案例指导：制作音乐卡点相册

用户借助音乐踩点功能可以制作出高质量的卡点视频，音乐卡点相册就是剪映的音乐踩点功能的最常见的应用之一。本次实战将介绍如何制作音乐卡点相册，具体操作如下。

（1）打开剪映，导入视频素材（案例素材\第7章\7.6），将播放指针移至视频开始处，然后在未选中素材的状态下，点击工具栏中的【音频】按钮，在下一级工具栏中点击【音乐】按钮，进入音乐选择界面。在搜索框中输入音乐名称"New boy"，点击搜索，找到需要的音乐后可进行试听和下载，最后点击【使用】按钮即可，如图7-53所示。

（2）选中添加的音频素材，单击工具栏中的【节拍】按钮，如图7-54所示。在打开的【节拍】栏中打开【自动踩点】，选择合适的节拍，完成后点击【√】按钮即可，如图7-55所示。

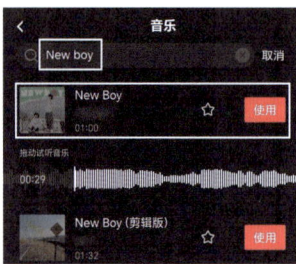

图7-53

图7-54

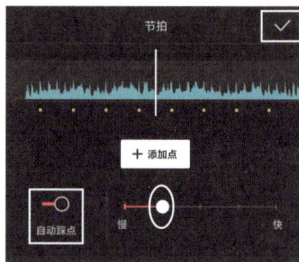

图7-55

（3）返回编辑界面，根据添加的标记调整每张图片的播放时长，使画面的转换与音乐节奏相匹配，如图7-56所示。

（4）将播放指针移至最后一张图片的结尾，选中音频素材，点击工具栏中的【分割】按钮，然后点击【删除】按钮，如图7-57所示，将多余的音频删除。

（5）选中第一张图片，点击工具栏中的【动画】按钮，进入【动画】栏，切换到【组合动画】选项卡，选择【抖入放大】效果，然后点击【√】按钮，如图7-58所示。设置完成后，按照同样的方法，为其他图片设置【抖入放大】效果。

（6）预览视频，点击【导出】按钮即可将其导出至手机相册。

图7-56

图7-57

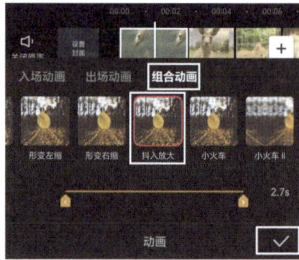

图7-58

实训1：为产品介绍短视频添加背景音乐

【实训目标】

本次实训通过剪映为绿茶产品短视频添加合适的背景音乐，配合短视频的内容风格，选择古风类型的歌曲，用户可以在剪映的音乐素材库中搜索，具体操作思路如下。

【实训思路】

（1）将视频素材（案例素材\第7章\实训1\绿茶）导入剪映中，将播放指针移至视频素材的开头，在未选中素材的状态下，点击底部工具栏中的【音频】按钮，然后在下一级工具栏中点击【音乐】按钮，如图7-59所示。

（2）进入音乐素材库，在搜索框中输入"古风"，点击搜索，试听并下载一首合适的古风音乐，然后点击【使用】按钮，如图7-60所示。这样即可将选中的古风音乐添加至轨道区域，如图7-61所示。

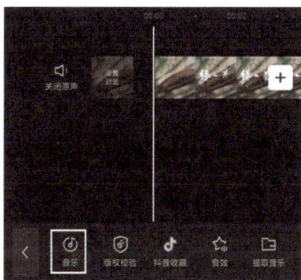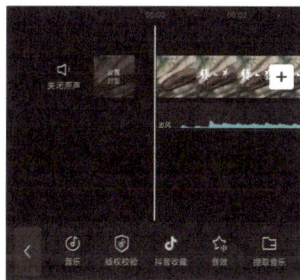

图7-59　　　　　　　　　　　　图7-60　　　　　　　　　　　　图7-61

（3）由于添加的音频较长，所以需要进行裁剪。将播放指针移至视频素材的结尾，选中音频素材，点击下方工具栏中的【分割】按钮，再点击【删除】按钮，如图7-62所示，即可将多余的音频素材删除。

（4）选中剩余音频，点击下方工具栏中的【淡化】按钮，如图7-63所示。进入【淡化】栏，调整音频的淡入时长为3秒，调整淡出时长为6秒，调整完成后点击【√】按钮，如图7-64所示。预览视频，点击【导出】按钮即可将其导出至手机相册。

图7-62　　　　　　　　　　　　图7-63　　　　　　　　　　　　图7-64

实训2：为短视频添加趣味背景音效

【实训目标】

平常在观看搞笑类的短视频时，经常会听到滑稽的音效，这种效果往往能增强短视频的趣味性，给用户带来轻松、愉悦的观看感受。本次实训通过剪映为短视频添加趣味背景音效，具体操作思路如下。

【实训思路】

（1）将素材（案例素材\第7章\实训2\猫咪）导入剪映中，进入剪辑界面。将播放指针移至第3秒处，在未选中素材的状态下，点击工具栏中的【音频】按钮，在下一级工具栏中点击【音效】按钮，如图7-65所示。进入【音效】栏，切换到【综艺】选项卡，找到【疑问-啊？】音效，试听并下载后点击【使用】按钮，如图7-66所示。

（2）添加完成后，再将播放指针移至第4.5秒处，再次点击【音效】按钮，如图7-67所示。进入【音效】栏，在搜索框中输入"你别动"，点击搜索，试听并找到合适的音效后点击【使用】按钮，如图7-68所示。

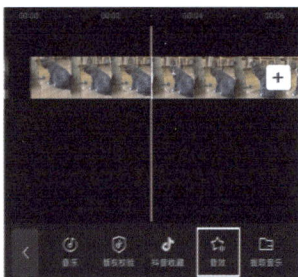

图7-65

图7-66

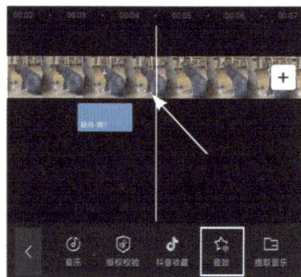

图7-67

（3）将播放指针移至第9.5秒处，选中视频素材，点击下方工具栏中的【分割】按钮，再点击【删除】按钮，如图7-69所示。按住并向左拖动音效素材右侧的白色按钮，将音效素材的结尾与视频结尾处对齐，如图7-70所示。

（4）预览视频，点击【导出】按钮即可将其导出至手机相册。

图7-68

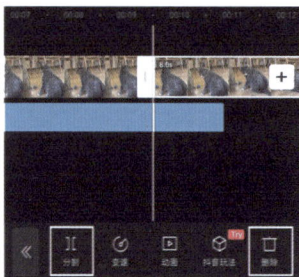

图7-69

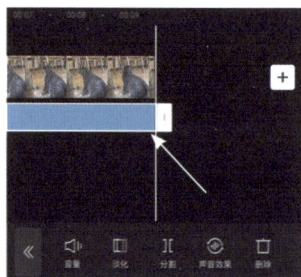

图7-70

实训3：为果茶制作短视频录制旁白

【实训目标】

果茶是指将某些水果或瓜果与茶一起制成的饮料，一般具有良好的口感并具有某些有益于身体的功效。本次实训介绍在剪映中为果茶制作短视频录制旁白的操作。

【实训思路】

（1）将视频素材（案例素材\第7章\实训3\果茶）导入剪映中，点击下方工具栏中的【音频】按钮，在下一级工具栏中点击【音乐】按钮，进入音乐素材库，点击【导入音乐】按钮，再点击【本地音乐】按钮，找到音频"果茶BGM"（案例素材\第7章\实训3\果茶BGM），点击【使用】按钮，如图7-71所示。

（2）选中导入的音频，将播放指针移至视频结尾处，点击下方工具栏中的【分割】按钮，然后点击【删除】按钮，如图7-72所示。

（3）选中音频，点击下方工具栏中的【淡化】按钮，进入【淡化】栏，将淡出时长设置为5秒，然后点击【√】按钮，如图7-73所示。

图7-71

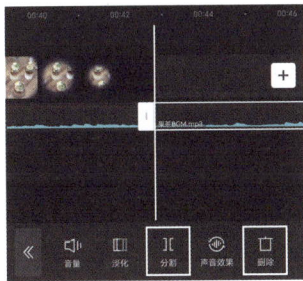
图7-72

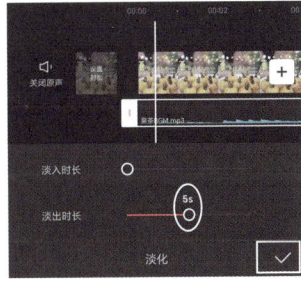
图7-73

（4）点击下方工具栏中的【音频】按钮，在下一级工具栏中点击【录音】按钮，如图7-74所示。进入【录音】栏，将播放指针移至视频素材第5秒处，然后按住红色的录音按钮开始录制，如图7-75所示。录制完成后，点击右下角的【√】按钮即可，如图7-76所示。

（5）调整录音素材的位置和音量等，预览视频后导出即可。

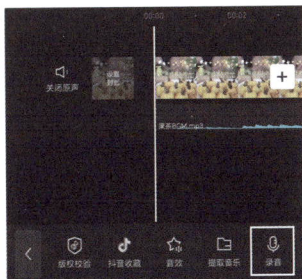
图7-74

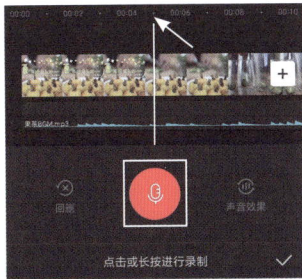
图7-75

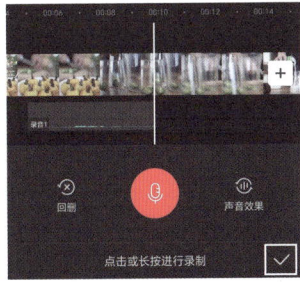
图7-76

思考与练习

一、选择题

1.（单选）对于没有前奏和尾声的音频素材，在其前后添加（   ）效果，可以削弱音乐进出场的突兀感，使其听起来更加自然。

　　A. 音量　　　　　B. 淡化　　　　　C. 分割　　　　　D. 删除

2.（单选）在剪映的音乐素材库中点击（   ）按钮，可以添加手机本地音乐。

　　A.【推荐音乐】　B.【收藏】　　　C.【抖音收藏】　D.【导入音乐】

3.（单选）在剪映中点击（   ）按钮，可以为剪辑项目添加旁白。

　　A.【音效】　　　　B.【提取音乐】　C.【录音】　　　D.【导入音乐】

二、填空题

1. 用户在剪辑带有原声的视频素材时，如果不想播放原声，可以点击（   ）按钮。

2. 在拍摄视频时，由于环境因素的影响，拍摄的视频素材中经常会夹杂着一些杂音。为了提高视频的质量，剪映为用户提供了视频（   ）功能。

三、判断题

1. 在剪映中点击轨道最左侧的【关闭原声】按钮后，如果想恢复视频原声，点击【开启原声】按钮即可。（   ）

2. 使用剪映的音频复制功能复制出的音频一般会自动衔接在原音频的前方。（   ）

3. 在剪映中为音乐添加标记后，如果不满意可以点击【删除点】按钮将其删除。（   ）

四、简答题

1. 简述如何在剪映中添加抖音收藏的音乐。

2. 简述提取本地视频中的音乐并将其应用到剪辑项目中的方法。

3. 简述在剪映中设置音频淡入／淡出效果的方法。

五、实操题

1. 自选主题，使用剪映制作一个音乐卡点相册。

2. 在抖音中收藏一首喜欢的音乐，在剪映中制作短视频并应用该音乐。

第 8 章

短视频字幕与贴纸的应用

学习目标

1. 掌握创建字幕的方法
2. 掌握编辑字幕的方法
3. 掌握添加贴纸的方法

素养目标

1. 提高学生的文明素养
2. 培养学生遵守规则的素质

引导案例

　　早在20世纪初，无声电影就有了字幕，当时还叫"字幕卡"。字幕卡能够起到介绍场景、引导剧情发展的作用。虽然大家现在看的大多都是有声视频，但是可以看到，不管是电视剧还是电影，抑或是短视频都添加有字幕，可见字幕还是相当重要的。

　　第一，字幕可以加深观众对视频内容的印象，增强观众的理解力和记忆力。第二，字幕可以帮助听力障碍人士观看视频。据统计，全世界大约有2.5亿人遭受中度以上的听力损失，存在听力障碍，这些都是潜在的目标受众。第三，字幕可以让观众无论是在嘈杂还是安静的环境中，即使关掉声音，也能通过字幕欣赏或理解短视频的内容。第四，字幕可以吸引外国受众。如果想把短视频推广到国外，比起重新制作视频或者重新配音，添加当地语言的字幕能省不少成本。第五，有趣的字幕样式可以给视频增加趣味，让观众有更好的观看体验。

思考题：

1. 结合案例内容，谈谈你对短视频添加字幕的必要性的理解。
2. 你认为短视频字幕还有哪些作用？请举例说明。

8.1　认识字幕

　　添加字幕是短视频制作过程中不可缺少的一项工作。为方便用户添加字幕，剪映为用户提供了创建字幕、识别字幕和识别歌词等功能，用户可根据剪辑需要，选择合适的字幕添加方式。

8.1.1　创建字幕

　　（1）将素材（案例素材\第8章\8.1\8.1.1\奔跑）导入剪映中，进入剪辑界面。将播放指针移至视频开始位置，在未选中素材的情况下，点击工具栏中的【文字】按钮，如图8-1所示。在下一级工具栏中点击【新建文本】按钮，如图8-2所示。

微课8-1

　　（2）弹出键盘，提示输入文字，如图8-3所示。用户根据实际需求输入文字，如"向美好生活，奔跑吧！"，此时文字将同步显示在预览区域中，如图8-4所示，操作完成后点击【√】按钮。轨道区域将会生成文字素材，如图8-5所示。

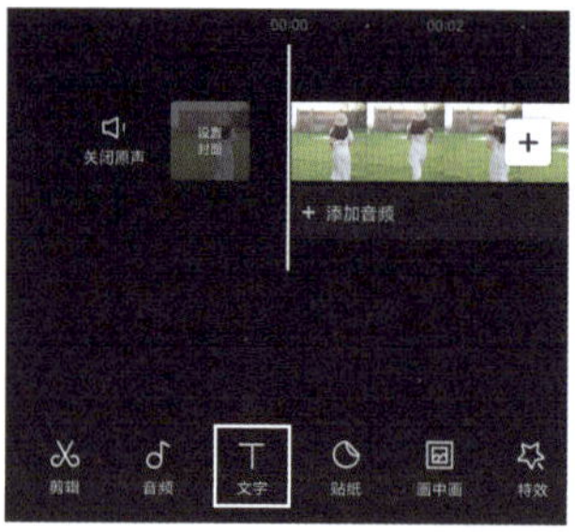

图8-1

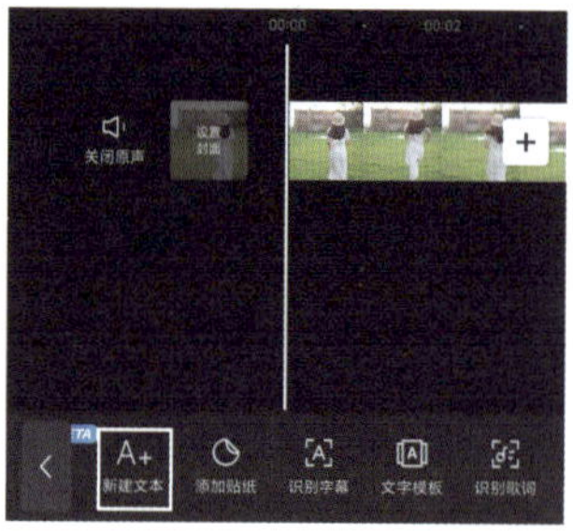

图8-2

图8-3

图8-4

图8-5

小贴士

为短视频添加字幕，要特别注意以下几点。

（1）一致性。字幕的描述需要与短视频呈现的内容一致，与短视频中的声音也应一致。换言之，字幕与短视频内容、音频内容的一致性是短视频制作的要点之一。

（2）可读性。字幕的样式、位置、颜色、大小等都需要格外注意，如字幕的颜色需要和短视频内容的颜色区别开，同时也要避免遮挡短视频中的重要内容。

（3）准确性。字幕应尽量避免出现错别字、漏字、多字等情况，因为字幕的准确度能够直接反映出短视频创作者的制作水平。如果出现错别字、漏字、多字等情况，可能会对观众的视觉体验造成较大的负面影响。

8.1.2　识别字幕

用户在剪辑短视频的过程中，对于有人物台词的短视频，需要手动添加字幕。手动添加字幕不仅需要输入大量的文字，而且需要将字幕放置在准确的时间点上，以保证音画同步，这需要花费大量的时间和精力。剪映为用户提供了识别字幕功能，可以快速识别人物台词，在准确的时间点生成对应的人物台词字幕，大大提高了字幕制作的效率。

微课8-2

（1）将素材（案例素材\第8章\8.1\8.1.2\读书）导入剪映中，进入剪辑界面。在未选中素材的情况下，点击工具栏中的【文字】按钮，如图8-6所示。在下一级工具栏中点击【识别字幕】按钮，如图8-7所示。

（2）进入【识别字幕】栏，保持默认设置，点击【开始匹配】按钮，如图8-8所示。

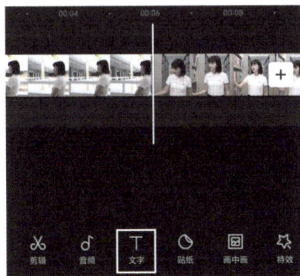

图8-6

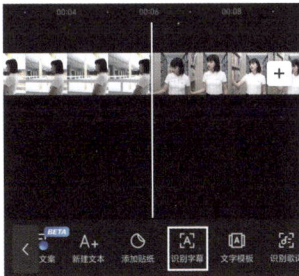

图8-7

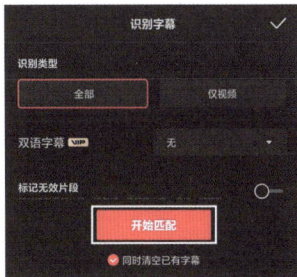

图8-8

（3）在屏幕中会出现"字幕识别中"字样，待系统完成解析工作后，将在主轨道的下方自动生成文字素材，如图8-9所示。将播放指针移至文字素材上，可以看到画面中的字幕效果，如图8-10所示。选中生成的文字素材，可以对其进行分割、编辑、批量编辑、删除等操作，如图8-11所示。

图8-9

图8-10

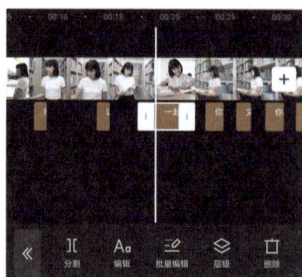

图8-11

8.1.3　识别歌词

剪映为用户提供了识别歌词的功能，在剪辑项目中添加音乐（带中英文歌词）后，系统可以对歌词进行解析，并生成相应的文字素材，这对要制作音乐 MV 短片、卡拉 OK 视频效果的短视频创作者来说，是一个非常省时省力的功能。下面介绍识别歌词的具体操作。

微课8-3

（1）将素材（案例素材\第 8 章\8.1\8.1.3\闲庭絮）导入剪映中，进入剪辑界面。在未选中素材的情况下，点击工具栏中的【文字】按钮，如图 8-12 所示。在下一级工具栏中点击【识别歌词】按钮，如图 8-13 所示。

（2）进入【识别歌词】栏,点击【开始匹配】按钮,如图 8-14 所示。系统完成歌词解析后，将在轨道上自动生成文字素材，如图 8-15 所示。

图8-12

图8-13

图8-14

图8-15

小贴士

系统在识别歌词时，由于演唱者的声音、歌曲的曲调等因素，识别的准确性会受到影响，可能会出现错误。因此，在识别工作结束后，创作者需要认真检查一遍歌词，对错误的文字进行修改。

（3）选中轨道中的文字素材,点击下方工具栏中的【批量编辑】按钮，如图 8-16 所示。进入字幕的批量编辑界面，如图 8-17 所示，在这里可以浏览所有的歌词。

（4）点击歌词，即可进入编辑状态，根据实际情况进行修改即可。完成所有歌词的修改后，点击【√】按钮即可退出批量编辑界面，如图 8-18 所示。

图8-16

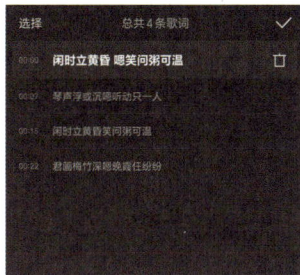
图8-17

图8-18

素养课堂

讲究文明，遵守规范

近年来，短视频迅猛发展，已经成为网络视频的主力军，成为内容创作者展示才华与创造力的平台。然而，由于内容创作涉及众多用户，为了确保用户获取健康、正能量的内容，短视频创作者需要遵守一定的规则，具体如下。

① 创作有益于社会、广大用户的内容，不发布含有低俗、淫秽、暴力等不符合社会公德的内容。考虑他人的感受，不宣扬歧视、仇恨、暴力等不良信息。

② 关注时事热点，创作时选择旋律明快、弘扬正能量的主题，基调积极向上。确保内容有理有据，客观正当，拒绝为了博取流量创作低俗的内容，不传谣、不信谣、不造谣。

③ 在短视频中植入广告时，应明确标注，不得隐瞒或误导用户。此外，应确保所推广的产品或服务符合法律法规，不发布虚假、夸大宣传的内容。

④ 保护知识产权和著作权，不上传、发布侵犯他人知识产权的视频，未经授权转载、使用他人的音乐、文字、图片等素材也是被禁止的。要确保自己使用的素材拥有著作权或使用权。

⑤ 在创作内容时，不得发布病毒、木马等恶意软件，不得侵犯他人隐私，不得盗取他人个人信息。此外，应加强自己的网络安全意识，不抄袭、恶搞他人的作品，确保自己的账号和密码安全。

8.2　编辑字幕

无论用户是通过创建字幕、识别字幕，还是识别歌词的方式添加字幕，都可以在添加后对文字素材进行编辑调整，制作出符合需求的字幕效果。

8.2.1　字幕的基本调整

将素材（案例素材\第8章\8.2\采花女子）导入剪映中，进入剪辑界面。在未选中素材的情况下，点击工具栏中的【文字】按钮，在下一级工具栏中点击【新建文本】按钮，在文本框中输入"人生如花"。

选中添加到轨道中的文字素材，可以在底部工具栏中点击相应的按钮对素材进行分割、复制、编辑、删除等操作，如图8-19所示。

在预览区域中可以看到，文字周围分布着一些功能按钮，如图8-20所示，点击这些

微课8-4

按钮同样可以对文字素材进行基本的调整。在预览区域中，点击文字旁的 ⊗ 按钮，可以将文字素材删除；点击文字旁的 ∅ 按钮（或双击文字素材），可以打开键盘，对文字内容进行修改，如图 8-21 所示；长按文字旁的 ⊡ 按钮，可对文字素材进行缩放或旋转操作，如图 8-22 所示；点击文字旁的 ⊡ 按钮，可对文字素材进行复制操作，轨道中会出现一个与其相同的文字素材；在预览区域拖动文字素材，可以调整素材的摆放位置。

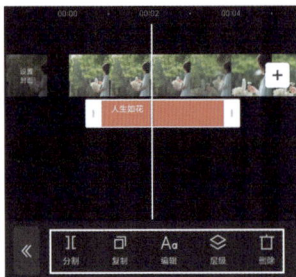

图8-19

图8-20

图8-21

在轨道区域中，按住文字素材，当素材变为灰色状态时，可左右拖动，以调整文字素材在轨道中的位置，即文字素材在视频中出现的时间，如图 8-23 所示。在选中文字素材的情况下，左右拖动素材前端或后端的 ⊡ 按钮，可以调整文字素材的持续时间，如图 8-24 所示。

图8-22

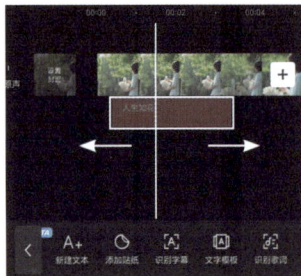

图8-23

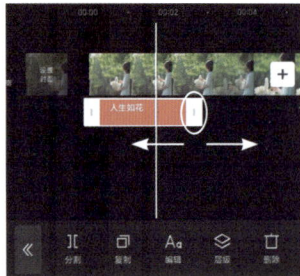

图8-24

8.2.2 设置字幕的样式

对于添加的字幕，如果觉得太单调，可以对字幕的样式进行设置，如改变字幕的字体、颜色、描边、发光、背景、阴影、弯曲、排列、粗斜体等。下面介绍设置字幕样式的具体操作。

微课8-5

选中轨道中的文字素材，点击下方工具栏中的【编辑】按钮，如图 8-25 所示，进入字幕编辑界面。

切换至【字体】选项卡，进入字体选择界面，选择一种合适的字体类型，点击即可应用，如图 8-26 所示。

切换至【样式】选项卡，进入样式编辑界面，系统提供了一些预设字体样式，用户可以直接使用，也可以在下方自定义。点击【文本】，可以选择文本的颜色并设置字号，如图 8-27 所示。

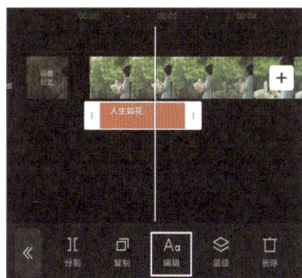
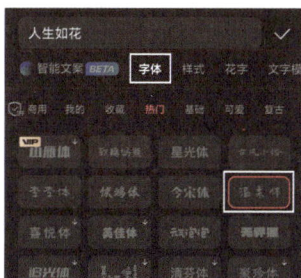

图8-25　　　　　　　　　　图8-26　　　　　　　　　　图8-27

点击【描边】，选择合适的描边颜色并设置描边粗细，如图 8-28 所示。

点击【弯曲】，选择弯曲选项并设置弯曲程度，如图 8-29 所示。

设置完成后点击【√】按钮，字幕样式的预览效果如图 8-30 所示。

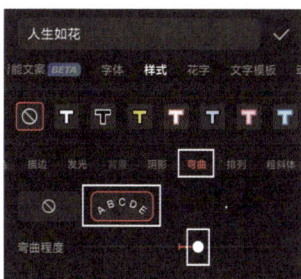

图8-28　　　　　　　　　　图8-29　　　　　　　　　　图8-30

8.2.3　应用花字及文字模板

剪映提供了很多花字和文字模板，可以帮助用户一键制作出各种精彩的艺术字效果。下面介绍应用花字及文字模板的具体操作。

（1）将素材（案例素材\第 8 章 \8.2\ 荷花）导入剪映中，进入剪辑界面。在未选中素材的情况下，点击工具栏中的【文字】按钮，在下一级工具栏中点击【新建文本】按钮，在文本框中输入"出水芙蓉"，然后在预览区域将文字素材拖动至右上角，如图 8-31 所示。

微课8-6

（2）切换至【字体】选项卡，在【字体】选项卡下根据视频内容或风格选择一种合适的字体，这里选择【书法】组中的【梅花楷】，如图 8-32 所示。字体效果如图 8-33 所示。

　　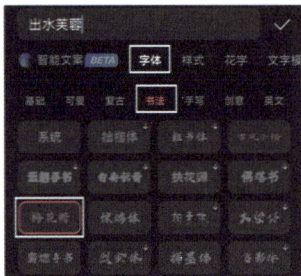　　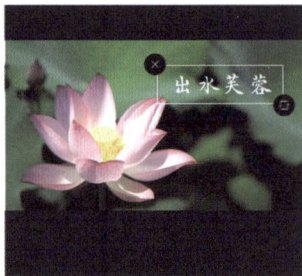

图8-31　　　　　　　　　图8-32　　　　　　　　　图8-33

　　（3）切换至【花字】选项卡，在【粉色】组中选择一种合适的花字，如图 8-34 所示。

　　（4）切换至【文字模板】选项卡，在【手写字】组中选择一种合适的文字模板，如图 8-35 所示。

　　（5）设置完成后点击【√】按钮，在轨道区域将文字素材的时长调整为与视频时长相同，然后在预览区域调整文字的大小和位置，效果如图 8-36 所示。

　　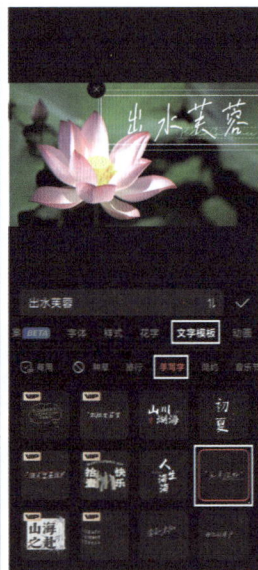　　

图8-34　　　　　　　　　图8-35　　　　　　　　　图8-36

8.2.4　设置字幕的动画效果

　　用户在剪辑项目中创建基本字幕后，可以为字幕添加动画效果，使字幕变得更加生动，以增强画面的趣味性。剪映中的字幕动画分为 3 种，分别是入场动画、出场动画和循环动画。下面介绍各类动画的添加方法。

微课8-7

　　首先将视频素材（案例素材\第 8 章\8.2\浪漫海滩）导入剪映中，在未选中素材的情况下，点击工具栏中的【文字】按钮，在下一级工具栏中点击【新建文本】按钮，在文本框中输入"浪漫海滩"，然后在预览区域将字幕素材拖动至右下角。

　　切换至【字体】选项卡，选择【手写】组中的【以梦为马】，如图 8-37 所示。

　　文字素材创建完成后，就可以设置动画了。

入场动画即字幕在视频画面中出现时的动画。选中字幕素材，在下方工具栏中选择【动画】选项，打开动画列表，默认展开的是入场动画，此时根据需求选择入场动画即可，这里选择【向左露出】，点击此动画效果即可在预览区域预览动画效果。选择好入场动画之后，用户可以左右滑动时间滑块来调整动画时长，如图 8-38 所示。

图8-37

出场动画与入场动画相反，是字幕退出视频画面时的动画。打开动画列表后，点击【出场】即可展开出场动画列表，这里选择【弹出】，然后通过滑动时间滑块来调整出场动画的时长，由于之前已经设置了入场动画，所以可以同时调整入场和出场动画的时长，如图 8-39 所示。

循环动画是指连续、重复的动画效果。点击【循环】即可展开循环动画列表，这里选择【翻转】，然后通过滑动时间滑块来调整循环动画的时长，如图 8-40 所示。

图8-38

图8-39

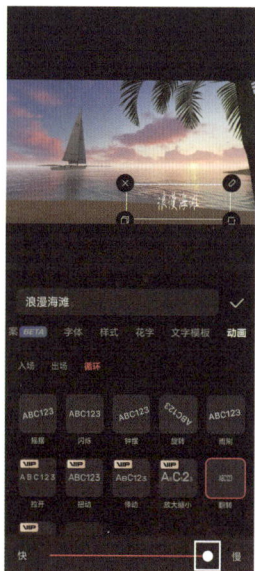

图8-40

8.3 添加贴纸

贴纸是很多短视频剪辑软件都具备的功能。在视频画面中添加贴纸，不仅能起到遮挡作用，还可以增强画面的趣味性和氛围感。

8.3.1 贴纸的类型

剪映为用户提供了多种类型的贴纸，大致可以分为 4 类：普通贴纸、特效贴纸、边框贴纸和自定义贴纸。

普通贴纸是指没有动态效果的贴纸素材，如贴纸素材库中的表情类贴纸，如图 8-41 所示。特效贴纸是指自带动态效果的贴纸素材，贴纸素材库中的大部分贴纸都属于特效贴纸，如图 8-42 所示。边框贴纸是指在画面上方添加一组边框的贴纸素材，如图 8-43 所示，可以使画面周围不过于空白或单调，从而起到美化作用。

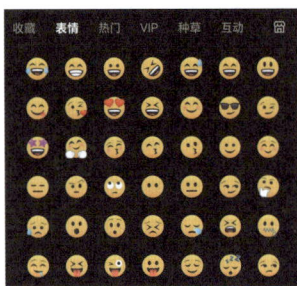 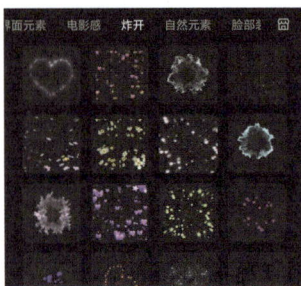 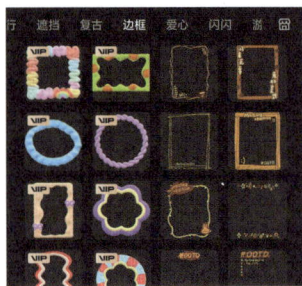

图8-41 图8-42 图8-43

剪映还支持用户在剪辑项目中添加自定义贴纸，以满足创作需求。在添加贴纸界面中，点击左侧的【添加】按钮，如图 8-44 所示，即可将手机相册中的贴纸素材添加至剪辑项目中。

图8-44

小贴士

若画面中出现了不方便出镜的人物等，可以使用表情贴纸（见图8-41）进行遮挡，效果会比添加马赛克更为美观和有趣。普通贴纸虽然没有动态效果，但用户可以自行为贴纸素材添加动画效果，即选中贴纸素材后，点击下方工具栏中的【动画】按钮进行设置。

8.3.2 编辑贴纸

用户将贴纸素材添加至剪辑项目后，可以对其进行编辑操作。下面介绍编辑贴纸的具体操作。

微课8-8

（1）将视频素材（案例素材 \ 第 8 章 \8.3\ 猫和狗）导入剪映中，在未选中素材的情况下，点击工具栏中的【贴纸】按钮，如图 8-45 所示。

（2）打开添加贴纸界面，切换至【脸部装饰】选项卡，找到一款眼镜框贴纸，如图 8-46 所示，点击即可将其添加到剪辑项目中。

（3）选中轨道中的视频素材，将其时长调整为 10 秒，然后选中添加的贴纸素材，将其时长也调整为 10 秒，如图 8-47 所示。

（4）选中贴纸素材，在下方工具栏中点击【基础属性】按钮，如图 8-48 所示。进入【基础属性】栏，根据需要调整贴纸的位置、缩放和旋转的数值，如图 8-49 所示，使眼镜框贴纸刚好遮住小狗的眼睛。

（5）按照以上步骤，再为小猫添加一个眼镜框贴纸，调整完成后的效果如图 8-50 所示。

图8-45

图8-46

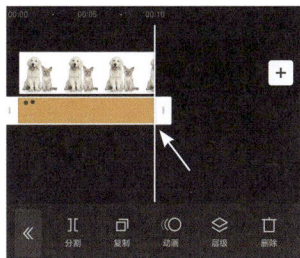

图8-47

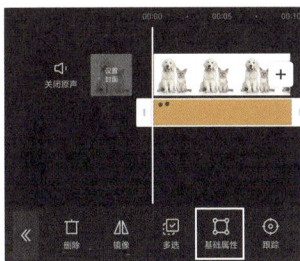

图8-48

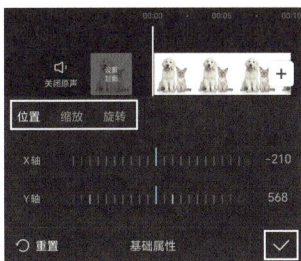

图8-49

图8-50

8.3.3　添加遮挡贴纸

很多情况下，用户在发布短视频时需要对视频中的某些内容进行遮挡，如人物不方便出镜时，可以对面部信息进行遮挡。添加动态墨镜贴纸就是很好的一种方式，可以同时实现美观和遮挡的效果。下面介绍为短视频添加遮挡贴纸的具体操作。

微课8-9

（1）将视频素材（案例素材\第8章\8.3\荡秋千的女孩）导入剪映中，在未选中素材的情况下，点击下方工具栏中的【贴纸】按钮，打开添加贴纸界面。在搜索框中输入"墨镜"并搜索，在下方展示的所有墨镜贴纸中选择一款合适的并应用，如图8-51所示。

（2）选中轨道中的贴纸素材，调整其时长至与视频素材的时长相同，如图8-52所示。

（3）将播放指针移至视频开头，调整贴纸素材的大小、位置和角度，使其完全遮住女孩的眼睛，然后点击预览区域下方的【关键帧】按钮◇，如图8-53所示。

（4）在轨道区域移动播放指针播放视频，随着女孩的运动，贴纸已无法完全遮住眼睛，此时停止播放，调整贴纸素材的位置，使其完全遮住女孩的眼睛，调整完成后，贴纸素材上会自动添加第二个关键帧，如图8-54所示。

（5）按照步骤（4）的方法继续播放视频并及时调整贴纸的位置，直至视频结束，这样即可在贴纸素材上添加多个关键帧，如图8-55所示。

（6）设置完成后，预览视频，再次调整贴纸素材，效果如图8-56所示。

图8-51

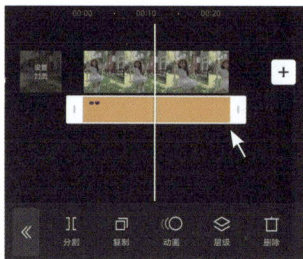

图8-52

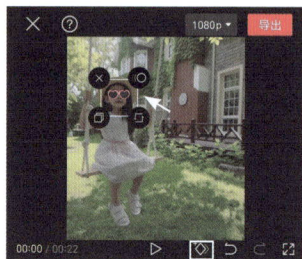

图8-53

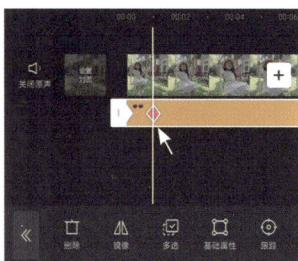

图8-54

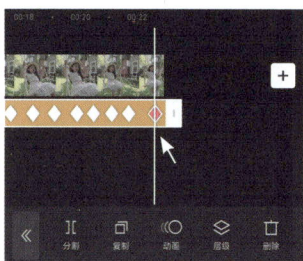

图8-55

图8-56

8.4 实战案例指导：给片尾添加滚动字幕

我们经常会看到很多影片的片尾会出现滚动字幕，利用滚动字幕动画就可以轻松添加滚动字幕。下面介绍给片尾添加滚动字幕的具体操作。

（1）打开剪映，在主界面点击【开始创作】按钮，在【素材库】中选择"黑场"视频素材，如图 8-57 所示，将其添加到剪辑项目中。

（2）点击工具栏中的【文字】按钮，在下一级工具栏中点击【新建文本】按钮，在弹出的文本框中输入事先准备好的字幕文本（案例素材\第 8 章\8.4\文案），然后切换至【样式】选项卡，在【排列】组中将字间距调整为 2，行间距调整为 15，如图 8-58 所示。调整完成后，在预览区域选中文字素材，将其移至画面右侧，如图 8-59 所示。

图8-57

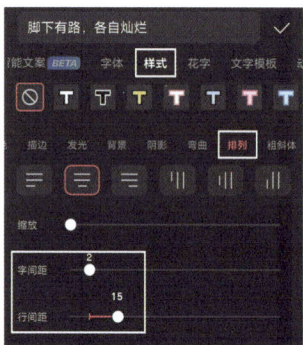

图8-58

图8-59

（3）再次打开字幕编辑界面，切换至【动画】选项卡，在【循环】组中选择【字幕滚动】动画效果，然后拖动下方滑块，将动画速度调整为最慢，完成后点击【√】按钮，如图8-60所示。

（4）点击轨道右侧的＋按钮，如图8-61所示，导入视频素材（案例素材\第8章\8.4\毕业季），然后选中新导入的视频素材，点击工具栏中的【切画中画】按钮，如图8-62所示。将新导入的视频素材移至轨道的开头。

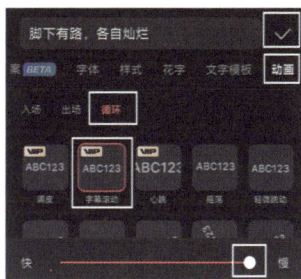
图8-60

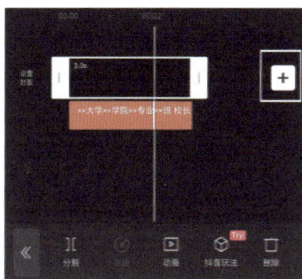
图8-61

图8-62

（5）选中新导入的视频素材，在预览区域调整新导入的视频素材画面的大小和位置，使其位于视频画面中间靠左的位置，不能遮挡右侧的字幕，如图8-63所示。

（6）调整黑场素材和文字素材的时长，使其与视频素材时长一致，如图8-64所示。调整完成后，预览视频并导出即可，效果如图8-65所示。

图8-63

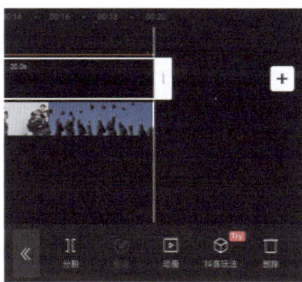
图8-64

图8-65

实训1：为短视频添加音乐并识别歌词

【实训目标】

本次实训通过剪映为短视频添加音乐并识别歌词，具体操作思路如下。

【实训思路】

（1）将视频素材（案例素材\第8章\实训1\青春风采）导入剪映中，将播放指针移至视频开头，点击工具栏中的【音频】按钮，如图8-66所示，然后点击下一级工具栏中的

【音乐】按钮，如图 8-67 所示。进入音乐素材库，在搜索框中输入"青春大满贯"，试听并下载后点击【使用】按钮，如图 8-68 所示。

（2）将播放指针移至视频结尾，选中添加的音频素材，点击工具栏中的【分割】按钮，然后点击【删除】按钮，如图 8-69 所示，将多余音频素材删除。

图8-66

图8-67

图8-68

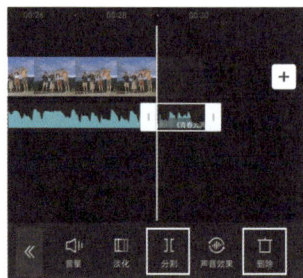

图8-69

（3）选中音频素材，点击工具栏中的【淡化】按钮，如图 8-70 所示。在打开的【淡化】栏中调整淡入时长为 5 秒，调整淡出时长为 5 秒，完成后点击【√】按钮，如图 8-71 所示。点击工具栏中的【音量】按钮，在【音量】栏中调整音量，完成后点击【√】按钮，如图 8-72 所示。

图8-70

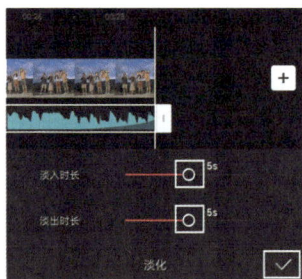

图8-71

图8-72

（4）将播放指针移至视频开头，点击工具栏中的【文字】按钮，如图 8-73 所示。点击下一级工具栏中的【识别歌词】按钮，如图 8-74 所示。进入【识别歌词】栏，点击【开始匹配】按钮即可，如图 8-75 所示。完成后即可在轨道中生成歌词素材，如图 8-76 所示。

图8-73

图8-74

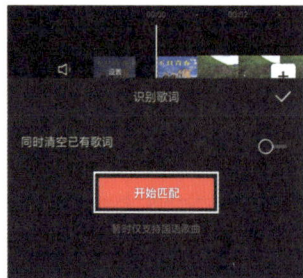

图8-75

（5）选中歌词素材，点击工具栏中的【批量编辑】按钮，如图 8-77 所示。进入批量编辑界面，可以浏览所有的歌词，选中歌词即可编辑，编辑完成后的效果如图 8-78 所示。

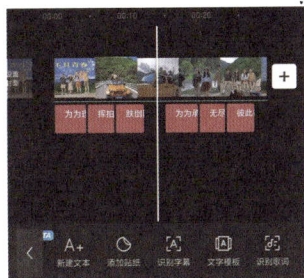

图8-76

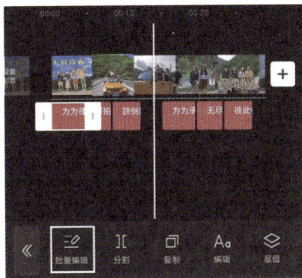

图8-77

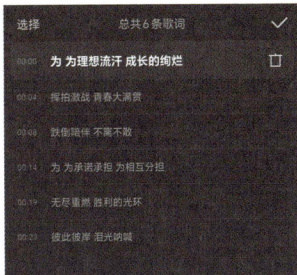

图8-78

（6）选中歌词素材，点击工具栏中的【编辑】按钮，打开编辑界面，切换到【样式】选项卡，在【文本】组中将字号调整为 8，勾选【应用到所有歌词】选项，如图 8-79 所示。切换到【动画】选项卡，在【入场】组中选择【卡拉 OK】动画效果，勾选【应用到所有歌词】选项，完成后点击【√】按钮，如图 8-80 所示。

（7）设置完成后，预览歌词字幕并导出，效果如图 8-81 所示。

图8-79

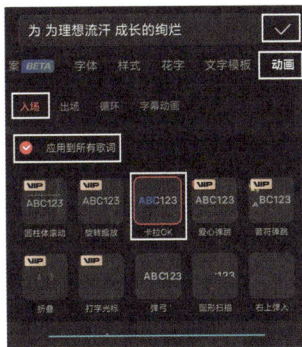

图8-80

图8-81

实训2：为短视频字幕添加打字动画效果

【实训目标】

在观看视频时，经常会看到这样一种字幕，即视频画面中的文字像打字一般逐个出现，同时伴随着打字的背景音效。这种字幕效果在剪映中可轻松实现。本次实训目标为在剪映中为短视频字幕添加打字动画效果，具体操作思路如下。

【实训思路】

（1）将素材（案例素材\第8章\实训2\粽子）导入剪映中，将播放指针移至字幕开始出现的位置，在未选中素材的情况下，点击工具栏中的【文字】按钮，在下一级工具栏中点击【新建文本】按钮，在文本框中输入"粽子是中国传统节庆食物之一"，切换至【样式】选项卡，选择白字黑边样式，在【文本】组中将字号设置为8，如图8-82所示。

（2）切换至【动画】选项卡，在【入场】组中选择【打字机Ⅰ】效果，完成后点击【√】按钮，如图8-83所示。

（3）调整文字素材的时长为5秒，然后在预览区域将文字素材拖至下方的中间位置，如图8-84所示。

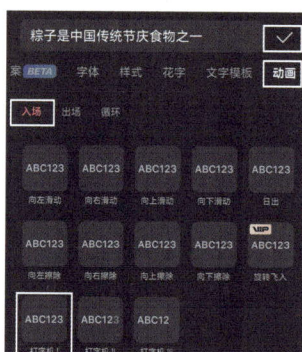

图8-82　　　　　　　　图8-83　　　　　　　　图8-84

（4）将播放指针移至字幕开始的位置，点击工具栏中的【音频】按钮，然后点击下一级工具栏中的【音效】按钮，进入【音效】栏，在【机械】选项卡下找到【打字声】，点击【使用】按钮，如图8-85所示。完成后即可在轨道中生成音频素材，如图8-86所示。

（5）至此就完成了打字动画效果的制作。复制字幕及音频素材，可继续添加字幕内容。完成后点击【导出】按钮即可。

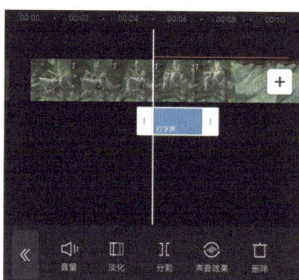

图8-85　　　　　　　　图8-86

实训3：为节日类短视频添加氛围贴纸

【实训目标】

为节日类短视频添加氛围贴纸，可以增强温馨喜庆的节日气氛。本次实训介绍在剪映中为节日类短视频添加氛围贴纸的方法，具体操作思路如下。

【实训思路】

（1）将视频素材（案例素材\第8章\实训3\新年祝福）导入剪映中，点击工具栏中的【音频】按钮，然后点击下一级工具栏中的【音乐】按钮，进入音乐素材库，在搜索框中输入"新年"，找到合适的音乐，试听后点击【使用】按钮即可，如图8-87所示。添加音乐后，调整音乐素材时长至与视频素材的时长相同，并设置淡入/淡出效果。

（2）点击工具栏中的【贴纸】按钮，进入贴纸素材库，在搜索框中输入"新年边框"并点击搜索，在下方展示的与新年相关的边框贴纸中选择一款合适的，点击缩略图即可添加，如图8-88所示。添加完成后返回主界面，在视频预览区域调整边框的大小和位置，然后调整贴纸素材时长至与视频素材的时长相同，如图8-89所示。

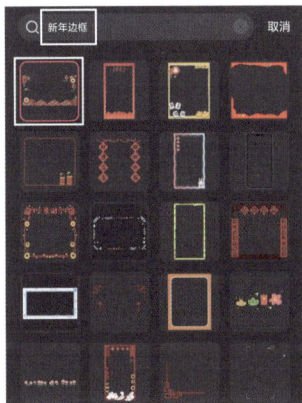

图8-87　　　　　　　　　　图8-88　　　　　　　　　　图8-89

（3）再次点击【贴纸】按钮，进入贴纸素材库，在搜索框中输入"烟花"并点击搜索，选择一款合适的烟花贴纸，如图8-90所示；添加4次，调整其时长至与视频素材的时长相同，如图8-91所示。

（4）预览视频，点击【导出】按钮即可，如图8-92所示。

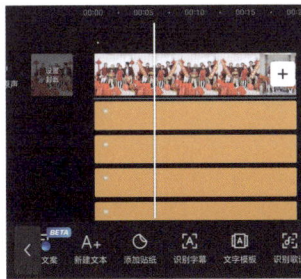

图8-90　　　　　　　　　　图8-91　　　　　　　　　　图8-92

思考与练习

一、选择题

1. （单选）剪映中的（　　）功能可以快速识别人物台词，在准确的时间点生成对应的人物台词字幕。

　　　　A. 创建文本　　　B. 识别台词　　　C. 识别字幕　　　D. 识别歌词

2. （单选）剪映中的（　　）功能可以对歌词进行解析，并生成相应的文字素材。

　　　　A. 音乐识别　　　B. 识别歌词　　　C. 歌词识别　　　D. 识别音乐

3. （单选）选中轨道中的文字素材，点击下方工具栏中的（　　）按钮，可以浏览所有歌词并编辑。

　　　　A.【编辑】　　　B.【层级】　　　C.【分割】　　　D.【批量编辑】

二、填空题

1. 剪映中的字幕动画分为 3 种，分别是（　　　）、（　　　）和（　　　）。

2. 剪映为用户提供了多种类型的贴纸，大致可以分为（　　　）、（　　　）、（　　　）和（　　　）4 类。

三、判断题

1. 使用剪映的识别歌词功能生成的字幕无法进行样式的编辑。（　　　）

2. 选中添加到轨道中的文字素材，可以在底部工具栏中点击相应的按钮对素材进行分割、复制、编辑、删除等操作。（　　　）

3. 剪映还支持用户在剪辑项目中添加自定义贴纸，以满足创作需求。（　　　）

四、简答题

1. 简述为短视频添加字幕需要注意哪些问题。

2. 简述剪映中字幕动画的类型。

3. 简述在剪映中为短视频添加遮挡贴纸的方法。

五、实操题

1. 以"我的一天"为主题制作一个短视频，添加音乐并识别歌词。

2. 自制一个古诗朗诵短视频，并为其字幕添加打字动画效果。

第 9 章

短视频的发布

学习目标

1. 了解常见的短视频平台
2. 掌握短视频账号的完善方法
3. 掌握短视频发布时间的选择
4. 熟悉影响短视频发布效果的其他因素

素养目标

1. 培养学生的全面思维能力
2. 教导学生抓住机遇

引导案例

抖音自2016年9月诞生至今，已经成为向全网传递积极生活理念、连接全民情感的重要短视频平台。抖音发布的《2022抖音热点数据报告》显示，2022年1月—11月热点视频的播放量月均超4 000亿次，而每月被创作出来的热点视频数量也突破百万。其中，社会、娱乐类视频较多，而在如此庞大的内容数量背后，是抖音热点正在与用户生活形成紧密连接。

在该报告中，抖音热点覆盖社会事件、时政事件与娱乐话题等多个领域，所产生的信息与用户生活息息相关，不仅给用户提供了社会与娱乐资讯等话题，还为用户提供了日常生活资讯。众多短视频创作者与用户在抖音热点中留下了2022年的精彩瞬间。另外，在抖音的青少年模式里，青少年也在以自己的视角关注热点，探索世界，了解世界。短视频蕴藏的信息量比文字更多、更直观，它能够帮助大家更好地发现、记录和分享生活中的美好。

思考题：

1. 你发布过短视频吗？你发布的短视频内容是什么？
2. 你在哪些平台发布过短视频？选择这些平台的原因是什么？

9.1 常见的短视频平台

随着短视频行业的持续发展，衍生出了一大批短视频平台，各短视频平台的功能也越来越完善和人性化。不同平台具有不同的功能和特色，下面介绍目前主流的几个短视频平台。

微课9-1

9.1.1 抖音

抖音是目前的头部短视频平台之一，是一款于 2016 年 9 月上线的音乐创意短视频社交软件，其标志如图 9-1 所示。用户可以拍摄短视频作品并上传至抖音，让其他用户看到，同时，也可以在抖音平台看到其他用户的作品。

图9-1

打开抖音之后默认进入"推荐"界面，用户只需用手指在屏幕上往上滑，就可以播放下一个视频。抖音内容随机，具有不确定性，吸引用户观看，打造沉浸式的体验。抖音能够通过用户看过的视频内容和形式，利用算法构建用户画像，为用户推荐其可能感兴趣的内容。

抖音平台主要具有以下特点。

（1）用户特点。抖音以年轻用户为主，用户活跃度高，对具有创新性和趣味性的内容有强烈需求。

（2）内容特点。抖音是一个短视频平台，盛行音乐、舞蹈和搞笑段子等，以时尚、快节奏的泛娱乐化内容为主，这也是其吸引年轻用户的重要因素。创作者需要注重节奏感和创意，以吸引用户的注意力。

（3）互动特点。抖音鼓励用户之间的互动，如点赞、评论和分享。用户可以使用各种特效和滤镜增强视频的趣味性。

9.1.2 快手

快手是北京快手科技有限公司旗下的短视频产品，其前身是 GIF 快手。GIF 快手创建于 2011 年 3 月，是用于制作和分享 GIF 图片的一款手机应用。2012 年 11 月，快手从纯粹的工具应用转型为短视频社区，其口号是"记录世界记录你"，定位为用户记录和分享生活的平台。2014 年11 月，GIF 快手正式更名为快手，其标志如图 9-2 所示。

图9-2

快手平台主要具有以下特点。

（1）全面性。快手早期主要面向三、四线城市及广大农村用户群体，为这些群体提供直接展示自我的平台。近年来，快手开始加强运营，实现了一定程度的品牌"破圈"，越来越多的一、二线城市的年轻人正在成为这个平台的高频用户，用户群覆盖面越来越广。

（2）原生态。快手并未采用以名人为中心的战略，没有将资源向粉丝较多的用户倾斜，没有设计级别图标以对用户分类，没有对用户进行排名。快手希望营造休闲的氛围，鼓励平台上的所有人表达自我、分享生活。

（3）算法决定优质内容。快手设计的算法能够理解短视频内容、用户特征及用户行为，包括用户的浏览和互动历史，在分析这些信息的基础上，算法模型可以将内容和用户匹配。用户行为数据越多，推荐就越精准。

（4）界面设计简洁、清爽。快手善于在功能设计上做减法，其界面设计简洁、清爽，这样做可以方便用户发布更多的原生态内容。首先，快手主页上的频道分别是"首页""精选""＋""消息""我"，最上方两侧分别是导航菜单按钮和搜索图标。点击导航菜单按钮，用户可以使用更多的功能。

9.1.3　西瓜视频

西瓜视频是一款个性化短视频推荐平台，其标志如图9-3所示。2016年5月，西瓜视频前身头条视频上线，而后宣布投入10亿元扶持短视频创作者。2017年6月，其用户数突破1亿人，日活跃用户数突破1 000万人，头条视频改名为西瓜视频。2018年2月，西瓜视频累计用户数超过3亿人，日均使用时长超过70分钟，日均播放量超过40亿人次。

图9-3

在短视频领域，如果说抖音和快手争夺的是竖屏市场，那么西瓜视频争夺的便是横屏市场。横屏短视频有市场，主要有两点原因：一是许多专业制作团队仍然采取横版构图，从拍摄工具到镜头语言有着一套非常成熟的制作流程；二是横屏短视频在题材范围、表现方式和叙事能力等方面比竖屏短视频更有优势。为提升用户观看横屏短视频的体验感，西瓜视频上线了横屏沉浸流功能，即在全横屏短视频观看状态下，用户可通过上下滑动切换短视频。

9.1.4　微信视频号

微信视频号是继微信公众号、小程序后的又一款微信生态产品，其标志如图9-4所示。微信视频号不同于抖音、快手等独立的短视频平台，它没有独立的App与网页，是一个隶属于微信的产品，微信用户在开通视频号功能后即可使用微信视频号。

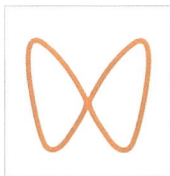

腾讯在短视频越来越受用户欢迎的背景下推出微信视频号，就是想要

图9-4

弥补腾讯在短视频领域的短板，借助微信生态的巨大力量布局短视频。在已有的微信生态下，用户可以在微信朋友圈发布短视频，但仅限于用户的好友观看，微信朋友圈属于私域流量池。微信视频号的出现则意味着微信平台打通了微信生态的社交公域流量，将短视频的扩散形式改为"朋友圈＋微信群＋个人微信号"，取消了传播限制，让更多用户可以看到短视频，形成新的流量传播渠道。

微信视频号的特色主要有以下几点。

（1）朋友圈分享。用户可以将微信视频号的内容分享到自己的朋友圈中，内容会自动显示为卡片形式，微信用户在浏览朋友圈的过程中点击卡片即可浏览好友分享的视频号内容。

（2）好友互动。进入微信视频号的好友点赞页，用户可以看到微信好友点赞、收藏过的视频等内容，了解好友的观看内容，这样能实现更好的信息分享。

（3）直播打赏、连麦。微信视频号提供了直播功能，用户不仅可以进行直播，还可以使用直播美颜、连麦等功能，参与直播抽奖、打赏等活动。

9.1.5　哔哩哔哩

哔哩哔哩是国内年轻人高度聚集的文化社区和视频平台。哔哩哔哩早期是一个ACG内容创作与分享的视频网站，ACG即动画（Animation）、漫画（Comic）与游戏（Game）。

经过多年的发展，哔哩哔哩围绕用户和内容，构建了一个不断产生优质内容的生态系统，成为涵盖7 000多个兴趣圈层的多元文化社区，满足了大众视频取向和小众用户的特别爱好。哔哩哔哩目前拥有动画、番剧、国创、音乐、游戏、生活、娱乐、知识、时尚等分区，并开设了直播、活动中心等业务板块。

哔哩哔哩在2020年加入了短视频赛道，经过几年的发展，短视频内容也逐渐在哔哩哔哩占有一席之地。哔哩哔哩通过"短视频＋长视频"的内容形式，产出更加多样的内容，拓展出更多的用户群体，以在短视频的赛道中突出重围。

9.1.6　淘宝卖家秀

淘宝由阿里巴巴集团于2003年5月创立，其标志如图9-5所示。淘宝拥有近5亿的注册用户数，每天有超过6 000万的固定访客量，同时每天的在线商品数超过8亿件，平均每分钟售出4.8万件商品。淘宝卖家秀有助于让用户更直观地了解商品。

随着短视频的发展，淘宝卖家秀从只有图片展示逐渐发展为更全面的短视频形式，让用户能更好地了解商品，促成交易。目前，淘宝不仅在

图9-5

商品界面开通了短视频功能，其在部分公域渠道也开通了短视频功能。卖家只要有优质的内容，就有机会通过各个公域渠道展示商品；优质的短视频再将流量引导至店铺，使店铺能够免费获得来自淘宝公域渠道的巨大流量。

9.2　完善短视频账号

短视频运营的核心是内容，同时账号的设置也是一个不可忽视的因素。完善短视频账号的关键是做到精准定位，一个账号只定位一个领域。账号定位直接决定了其所吸引粉丝的精准度、"涨粉"的速度、引流的效果和变现能力。

微课9-2

账号的设置包括账号名称、账号头像、账号主页背景图、账号认证和简介等的设置，它们会在很大程度上影响账号的形象。

9.2.1　账号名称

想要短视频账号吸引用户，首先要从账号名称着手，一个好的账号名称可以吸引更多用户关注。那么短视频的账号名称该如何设置呢？可以借鉴以下几个思路。

1．简洁易记

账号名称要简单、明确，好记忆、好理解、好传播，避免出现生僻字和不好的发音。大多数情况下，一个简洁易记的账号名称，在后期的自我包装、品牌植入或者推广中，能达到更好的效果。例如，"××饿了""美食体验官××"等，都是简洁易记的账号名称，而且用户一看就知道它们是专注于美食领域的账号。

2．使用自己的名字

如果想打造个人知识产权（Intellectual Property，IP），可以直接将自己的名字作为账号名称。另外，账号名称也可以是个人昵称或他人对自己的称呼等，如"×× 姥姥""××妈妈"等。

3．以谐音命名

目前短视频账号的数量庞大，短视频领域的竞争也非常激烈，所以如果想要在海量的短视频账号中脱颖而出，给用户留下深刻印象，那么不妨尝试用谐音，以取出既有创意又容易被用户记住的账号名称。例如，名称为"这箱有礼"的开盲盒账号，用了大家熟知的"这厢有礼"的谐音，既有创意，也容易被用户熟知。

4．体现领域定位

一个好的短视频账号，不仅名称要简洁易记、有创意、有辨识度，更重要的是，账号名称还要能体现账号的领域定位。例如，账号"××瑜伽"，直接揭示了创作者的专业领域；再如"购房指南"，一看账号名称就知道这是一个与房产相关的账号，这样就很容易吸引对购房比较感兴趣的用户。

9.2.2 账号头像

头像是一种视觉语言，它不仅会影响用户对创作者的直观印象，还会在一定程度上表达出账号的定位和创作者的个性，它是个人品牌的标志。头像应根据账号所运营的内容和风格来确定，但很多新手在初期对设置头像非常随意。下面介绍设置账号头像的技巧。

1．使用真人照片

如果是真人出镜类短视频账号，建议使用真人照片，这样会让用户对账号有更直观的认知，产生更强的信任感。真人照片分为个人形象照和生活照，用个人形象照作为头像有助于树立专业形象，也有助于个人IP的打造。图9-6所示为使用真人照片的账号头像。

图9-6

2．使用账号名称

直接使用账号名称作为头像，能够让用户清楚地了解账号运营的内容，深化其对品牌的认知。图9-7所示为账号名称头像，看起来非常直观。如果账号运营内容是图文类型的，建议使用文字标题作为头像，别人看到头像就会知道账号所运营的内容，深化对账号的认知。

图9-7

3．使用动画角色

如果短视频内容是和动画相关的，可以使用自创的动画角色作为头像，这样能够强化账号形象。图9-8所示为使用动画角色的头像。

图9-8

4．使用宠物照片

将宠物照片作为头像的一般都是宠物博主，如果账号内容和宠物有关，就可以直接使用宠物照片作为头像。其他领域账号的头像使用宠物照片的话，会和账号的定位不符，影响用户对账号的认知。图9-9所示为宠物照片头像。

图9-9

5．使用场景照片

场景照片头像适用于多种短视频类型，只要和短视频内容定位相关即可。例如，登山类、滑雪类、骑行类等涉及相对固定场景的短视频账号，都可以使用场景照片作为头像。图9-10所示为某一攀岩账号的头像。

图9-10

6．使用品牌标志

品牌标志头像适用于新闻媒体、行业品牌或企业等账号，也适用于视频剪辑领域的账号。图9-11所示为剪映抖音官方账号的头像。

图9-11

📖 小贴士

需要注意的是：头像一定要简洁、清晰，尽量避免局部或者远景人像，不用杂乱的场景；头像要和名称有关联，保持统一；文字类头像中的文字最好不超过6个字。

9.2.3　账号主页背景图

短视频账号主页的背景图是除账号头像外，最能体现账号风格的部分，因此，设置有特色的主页背景图也是不容忽视的内容。

背景图颜色应该与头像颜色相呼应，保持风格统一；背景图要美观、有辨识度，要体现专业性。由于背景图上传后会被压缩，且只有下拉时才能看到完整的图片，所以要把想要表达的信息留在背景图中央，使其完整显示出来。

除背景图大小的设置外，如果要打造个人IP，加深其在用户心中的印象，还需要以能体现账号定位的照片作为背景图。例如，某短视频账号的内容为做便当，因此以厨房一角的照片作为背景图（见图9-12），与账号的主题及定位相符，用户一看就知道这是个美食类账号。

主页背景图也可以起到对账号进行二次介绍的作用，深化用户对IP的认知。例如，抖音某美食类账号主页背景图上有"花小钱　办大事""关注我"等信息，如图9-13所示。

背景图还可以起到引导用户关注的作用，利用有趣的图案、话术等给用户心理暗示。例如，抖音某搞笑剧情类账号的主页背景图上的"关注我的人非常美"，如图9-14所示。

图9-12　　　　　　图9-13　　　　　　图9-14

9.2.4　账号认证和简介

经过认证的账号能获得更高的推荐权重。账号可以申请个人认证，如图9-15所示。申请个人认证须满足：发布视频数≥1个，粉丝量≥1万名，绑定手机号。账号也可以申请官方认证，在官方认证账号中政府机构号级别最高，其次是企业号、MCN（Multi-Channel Network，多频道网络）机构旗下账号等。用户可以根据账号条件进行相应的认证申请。

简介要根据账号定位，突出账号的2～3个特点，并且文字不要太长，要方便用户记忆。在简介中可以加上视频的直播时间、合作联系方式和粉丝群等信息，如图9-16所示。需要注意的是，带货类账号不建议使用网络流行的个性短句，如"我走得很慢，但绝不回头"，这类简介虽听起来很酷，但与账号的相关性较小。

图9-15　　　　　　　　图9-16

9.3　短视频的发布时间

很多创作者在发布了一些短视频作品后，经常会遇到这样的情况：明明是差不多的内容，可是有的作品播放量很高，有的作品播放量很低。出现这样的情况，一个主要的原因是没有选好短视频的发布时间，错过了粉丝的活跃时间。因此，短视频创作者需要对短视频发布时间进行优化。

微课9-3

9.3.1　适合发布短视频的时间段

统计发现，每个短视频平台每天都有各自的流量高峰期。大部分短视频的播放量、点赞量、评论量、转发量等的提高基本上都是在流量高峰期内完成的。因此，为了优化短视频的各项数据表现，短视频创作者需了解短视频平台的流量高峰期，从而确定短视频的最佳发布时间。

在短视频领域，一般认为的黄金发布时间，可以用4个字来总结——四段两天。

1．四段：周一至周五的 4 个时间段

（1）7 ～ 9 点：清晨起床期。这个时间段大多数人刚睡醒，或者在上班途中，会看短视频提神，或看一看有什么好玩的。在该时间段里，短视频创作者发布早餐类、励志类、健身类短视频，比较符合这一时间段内活跃用户的心态。

（2）12 ～ 14 点：午间休息期。这个时间段是大家吃午餐和午休的时间，在这个时间段，大部分人都会拿手机出来消磨时间。短视频创作者在这一时间段可以发布剧情类、搞笑类短视频，使用户在工作之余能够缓解压力。

（3）17 ～ 19 点：下班高峰期。这个时间段，大家可能刚刚结束一天的工作坐在回家的地铁上，很可能会利用手机打发时间，看看短视频放松一下。这一时间段也是短视频用户非常活跃的时候。因此，所有类型的短视频都可以在这一时间段内发布，尤其是创意剪辑类短视频。

（4）21 ～ 23 点：睡前休闲期。晚饭后收拾完坐在沙发上，或者忙碌了一天终于可以躺在床上，干什么呢？很多人会选择看自己喜欢的短视频来放松一下。这个时间段观看短视频的用户数量非常多，因此，短视频创作者同样可以在该时间段发布任何类型的短视频，尤其是情感类、励志类、美食类短视频。

2．两天：周六、周日

两天主要是指周六、周日，这两天通常是个人休息的时间，很多人随时随地都可以拿出手机看短视频。因此，这两天的任何时间段都适合发布任何类型的短视频。

注意，不同领域有不同的适合发布作品的时间，发布时间是不固定的。短视频创作者可以根据上述时间段去测试，找到最适合自己短视频的发布时间。

9.3.2　选择短视频发布时间的参考因素

除了"四段两天"，短视频创作者在选择短视频的发布时间时，还需要参考以下几点。

1．参考同类型成功账号的发布时间

短视频账号运营失败的原因有很多，但成功的账号（即拥有百万、千万粉丝的账号）有很多相似的地方。同类型的账号能够成功，除了内容优质、文案出彩等原因，其发布时间同样值得借鉴。尤其对新号来说，初期没有找到合适的发布时间时，短视频创作者可以先参考同类型成功账号的发布时间，待账号成熟后再慢慢优化。

2．参考账号主流用户群的观看时间

除了参考同类型成功账号，短视频创作者还可以参考自己账号主流用户群的观看时间，

以此来决定发布作品的时间。例如，教健身的短视频，要尽量避开工作时间，很少人会在工作时间健身；做美食的短视频，尽量选择吃饭（或做饭）之前、22点之后。短视频创作者在发布短视频时需要充分考虑主流用户群，调整发布时间。

3．参考热点事件发生的时间

通常热点事件能够带来大量流量，所以短视频创作者应实时关注热点事件，在热点事件发生的第一时间，快速跟进，打造出符合自身账号风格的内容，吸引粉丝、获得曝光。

9.3.3　选择短视频发布时间的注意事项

除了选择适合发布短视频的时间段和考虑短视频发布时间的参考因素，短视频创作者在选择短视频的发布时间时，还需注意以下两个方面。

1．选择固定时间发布

短视频创作者可以固定短视频的发布时间，如固定在每周二、周四、周六的21:00发布。这样能够培养用户的观看习惯，满足忠实粉丝的确定性心理，同时也能使短视频工作团队的成员心里有谱，形成有序的工作模式。

2．尽量适当提前发布

前面介绍过，短视频通常需要经过系统审核和人工审核，因此，短视频的实际发布时间可能要比计划发布时间推迟半个小时或一个小时。在这样的情况下，短视频创作者就至少需要在计划发布时间前半小时发出，审核完毕的时间才是实际的发出时间。

📖 **素养课堂**　　　　　　　　　**抓住机遇**

"时未可而进，谓之躁，躁则事不审而上必疑；时可进而不进，谓之缓，缓则事不及而上必违。"出自宋代王安石《上蒋侍郎书》。意思是：时机未成熟就进，这就叫作急躁，因为急躁，往往没准备好就动手，就一定会迷惑混乱；时机成熟了却不进，这叫作迟缓，行动迟缓，错过时间之后才动手，这样就会事与愿违，达不到预期目的。

机遇对每一个人来说至关重要。它有的时候可以决定一个人的人生走向，甚至改变命运。当机遇来临时，如果能抓住机遇，就会改变自己的一生，使自己有所建树，实现一生的抱负。相反，错失良机，就会抱憾终生。

抓住机遇是一种能力，那么如何才能抓住机遇呢？首先应保持一种积极健康的心态，只有用这样的心态面对机遇，才能让自己得到更多的机会，即使在遇到困难时，也能积极争取。其次要随时做好准备，提高个人能力和素质，随时搜集信息，这样才能在机遇出现时，更好地抓住。最后要勇于面对挑战，一旦机遇出现，应该尽量把握，不要把胜败看得太重，重要的是过程，即使失败了也不要气馁，在很多时候，只要勇敢一点，就能做出不一样的成绩。

9.4　影响短视频发布效果的其他因素

制作好的短视频要上传到短视频平台进行发布，不是简单地点击发布按钮就可以了，还涉及许多细节问题。因此，短视频创作者需要掌握一些发布小技巧，包括融入热点话题、添加恰当的标签、定位发布等。

微课9-4

9.4.1　融入热点话题

在创作短视频时，根据自己的短视频风格，把时下的热点话题融入作品中，利用热点话题来提高短视频的热度，应该是目前短视频创作者常用的增加流量的方法。下面介绍借助热点话题来制作热门短视频的要点。

1. 把握时机

信息大爆炸时代，信息更新的速度是很快的。热点话题也是一样，一个话题刚刚热起来，可能就会出现另外一个热度更高的话题。所以，短视频创作者想要利用话题的热度，就要把握好时机。

2. 加入创意

虽然热点很重要，但是短视频创作者也不要随意追热点，选取的热点一定要与账号定位紧密相关，有选择、有针对性地"追"，才能收获好的效果。在将短视频的内容创作与热点相结合时，短视频创作者应灵活地将热点与创意结合在一起，而不应该胡乱拼凑。

> **📋 小贴士**
>
> 常见的热点话题主要有以下3类。一是常规类热点话题，如节假日（春节、端午节、中秋节等），大型活动（冬奥会、世界杯等），每年的入学、毕业、高考等。二是突发类热点话题，如突发事件、生活热点、娱乐新闻等。三是预告类热点话题，如某个品牌的新款手机要上市、某部新电影要上映等。

9.4.2　添加恰当的标签

在制作完短视频后，短视频创作者将短视频上传至平台的一个必要步骤就是给短视频添加标签。短视频标签即短视频内容的关键词，标签越精准，短视频越容易得到平台的推荐，直达用户群体，加大曝光量。短视频如果制作精良，却没有好的标签，那么很容易淹没在众多短视频中，无法获得高点击率。在短视频的内容介绍中，以"#"开头的文字就是标签，如"#美食""#穿搭""#挑战赛"等。短视频创作者在给短视频添加标签时，需要满足一定的要求。

1. 标签个数和字数要合适

一般来讲，短视频标签的个数为3～5个，每个短视频标签的字数为2～4个。标签太少不利于平台的推送和分发，而标签太多则容易让人抓不住重点，错过核心用户群。例如，美食类短视频可以添加"美食""菜谱""川菜"等标签，以同时触及多个短视频类型和细分领域。

2. 标签要精准

添加标签就是为了找到短视频的核心用户群，将短视频推送给核心用户群，从而提高点击率。例如，健身类短视频可以加上"瘦身""健身""运动"等标签，如果加上"美妆""影视"等标签，不仅无法吸引更多用户，反而会影响账号原有的粉丝。

3. 标签要紧追热点

短视频创作者要注意对热点的跟踪。某一话题既然能成为热点，说明有千千万万的用户在关注这一话题，这意味着若能合理利用该话题，则可以获得巨大流量。因此，短视频创作者在短视频标签中加入热点、热词，会提高短视频的曝光率，从而使短视频获得更多的推荐。

9.4.3 定位发布

发布短视频时可以选择定位发布。定位发布是指在发布短视频时显示某一地点，使短视频被该地点周围的用户看到。

定位发布的方法有两种。一种是定位于人流量大的商圈、著名的旅游景区等。由于关注该类地区的用户很多，短视频用户的数量也相对较大，所以发布短视频时定位在某热门区域，短视频的基础播放量就会增加。另一种是定位到美食商家。由于定位本身也是一种私域流量入口，可用于商业推广，所以使用了定位的短视频的关注度也会增加。

9.5 实战案例指导：完善抖音账号并发布短视频

本章介绍了短视频发布的相关知识，本次实训先完善抖音账号，然后将制作好的短视频发布到抖音平台，结合@功能，并使用话题来增大短视频被用户关注的概率。具体操作步骤如下。

（1）启动抖音，进入抖音主界面，点击界面下方的【我】，点击【编辑主页】，进入个人主页，根据个人情况设置即可，如图9-17所示。

（2）设置完成后，点击【＋】按钮，进入短视频拍摄界面，点击【相册】按钮。打开【所有照片】界面，在列表中选择需要发布的短视频，然后点击【下一步】按钮。进入短视频剪辑界面，由于该短视频已经剪辑完成，这里直接点击【下一步】按钮即可。

（3）进入发布界面，添加作品描述。本案例短视频内容为制作果茶，因此可输入文案"暖暖的午后，煮上一壶果茶，温暖你的胃！"。点击【＃添加话题】按钮，输入"美食"，继续点击【＃添加话题】按钮，在打开的话题列表框中选择一个播放次数较多的话题，这里选择"自制饮品"话题。按照同样的方法添加需要的话题。点击【＠朋友】按钮，弹出好友列表，选择一个好友，这里选择"四季和声"，将其添加到话题后面。

（4）设置完成后，界面如图9-18所示，随后点击【发布】按钮，即可将短视频发布到抖音平台。

图9-17

图9-18

实训1：为搞笑娱乐类短视频账号设置简介

【实训目标】

本章介绍了账号简介的设置内容。本次实训的目标是为搞笑娱乐类短视频账号设置简介。

【实训思路】

搞笑娱乐类短视频的账号简介要与账号整体相关。

可以用一句话介绍自己的身份特征，让用户知道账号定位的领域，例如"××的搞笑生活""关注××哥，永远欢乐多"就直接锁定了搞笑领域。为了提高辨识度、增强粉丝的好感，也可以在简介中加入一些自己的观点、态度以便引发共鸣。

在简介中也可以加上短视频的合作联系方式等信息，如图9-19所示。请根据以上示例为搞笑娱乐类短视频账号设置简介。

图9-19

实训2：在美食类短视频中加入热点话题

【实训目标】

利用热点话题容易为短视频增加热度，在美食类短视频中也可以加入热点话题。本次实训的目标为在美食类短视频中加入热点话题。

【实训思路】

在世界杯期间，美食类账号可以发布一些适合看球赛吃的美食，这样不仅会吸引很多对吃感兴趣的用户，还会吸引一大批热衷于看球时吃夜宵的球迷，再配上合适的文案，短视频很容易获得更多的推荐，如图9-20和图9-21所示。请根据以上示例在美食类短视频中加入热点话题。

图9-20

图9-21

实训3：将短视频发布到微信视频号并分享到朋友圈

【实训目标】

要想最大限度地推广短视频，让更多的用户看到短视频，短视频创作者可以利用平台的分享功能，将短视频分享到尽可能多的平台上，让其覆盖更多的用户群体。只有覆盖更多的平台，短视频成为热门内容的可能性才会更高。本次实训为将短视频发布到微信视频号并分享到朋友圈，具体操作思路如下。

【实训思路】

短视频创作者可以在微信视频号中发布短视频，然后分享到朋友圈中，引起朋友的关注和转发，达到推广的目的。具体操作步骤如下。

（1）打开微信，在【我】界面中点击【视频号】按钮，如图9-22所示。进入视频号界面，点击【发表视频】按钮，如图9-23所示。选择相册中编辑好的短视频，点击【完成】按钮，进入发布界面，输入文案和话题，点击【发表】按钮，如图9-24所示。

（2）打开视频号中的视频，点击界面下方的转发按钮，如图9-25所示。打开转发界面，点击【分享到朋友圈】按钮，如图9-26所示。

（3）进入朋友圈发布界面，输入文案，点击【发表】按钮，如图9-27所示，即可将该短视频分享到朋友圈。

图9-22

图9-23

图9-24

图9-25

图9-26

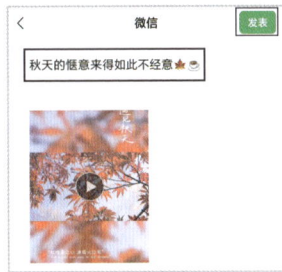

图9-27

思考与练习

一、选择题

1. （单选）在短视频领域，一般认为的黄金发布时间，用4个字来总结是（　　）。

    A. "五段两天"　　　　　　　　B. "四段两天"

    C. "三段五天"　　　　　　　　D. "四段五天"

2.（单选）在（   ），短视频创作者可以发布早餐类、励志类、健身类短视频。

      A．清晨起床期   B．午间休息期

      C．下班高峰期   D．睡前休闲期

3.（单选）在（   ）适合发布剧情类、搞笑类短视频，使用户在工作之余能够缓解压力。

      A．睡前休闲期   B．清晨起床期

      C．下班高峰期   D．午间休息期

二、填空题

1．抖音是一个短视频平台，以（   ）、（   ）的泛娱乐化内容为主。

2．账号的设置包括（   ）、（   ）、（   ）、（   ）和（   ）等的设置，它们会在很大程度上影响账号的形象。

3．在创作短视频时，把时下的热点话题融入作品中需要做到（   ）和（   ）。

三、判断题

1．为了使短视频账号更吸引人，账号名称可以尽量复杂、生僻些。（   ）

2．直接使用账号名称作为头像，能够让用户清楚地了解账号运营的内容，深化其对品牌的认知。（   ）

3.短视频账号头像的设置应根据账号所运营的内容和风格来确定,不能随意。（   ）

四、简答题

1．简述抖音平台的主要特点。

2．简述短视频账号名称的设置思路。

五、实操题

1．自选一个热点话题制作一个短视频。

2．拍摄并制作一个周末出游的短视频，结合标签和定位功能发布短视频。

第 10 章

综合实战

1. 掌握美食分享短视频的制作过程　　2. 掌握生活Vlog短视频的制作过程

3. 掌握风景航拍短视频的制作过程　　4. 掌握产品介绍短视频的制作过程

素养目标

1. 提高学生的综合实战能力　　　　　2. 培养学生的团队合作意识

引导案例

　　在互联网快速发展的今天，短视频已经融入了我们的生活。通过短视频，我们可以看到不同地方的风土人情，学习到各种知识和技能，感受到多样的情感、价值、理念。短视频可以开阔我们的视野，活跃我们的思维，丰富我们的内心，让我们的生活更多彩。

　　短视频创作是一件值得热爱的事情，它能够让我们展示自己、实现自我价值。当然，要想成为一个优秀的短视频创作者：首先，要有自己的特色和风格，只有拥有独特的风格才能吸引更多的观众；其次，要注意视频的质量和内容，视频的质量要高，画面要清晰，声音要清晰，这样才能让观众更好地欣赏我们的作品；同时，内容也要有趣、有新意，能够引起观众的共鸣和兴趣；最后，短视频创作需要坚持和耐心，创作过程中会遇到各种困难和挑战，只有坚持不懈，才能不断提升自己的创作能力。

思考题：

1. 结合案例内容，谈谈你对短视频与生活的关系的理解。

2. 如果要从事短视频行业的工作，你会选择哪个岗位？说明你的理由。

10.1　美食分享短视频的创作和发布

美食是一种艺术，它承载着人们对美好生活的向往。短视频美食领域一直十分火爆，因此制作美食类短视频对创作者来说是一个不错的选择。本节主要介绍美食分享短视频的创作和发布。

10.1.1　策划美食分享短视频的内容

牛排营养价值高，口感丰富，是一种非常受欢迎的美食。下面以煎制牛排为例，制作一个美食分享短视频，首先来策划一下拍摄内容。

1. 准备拍摄场景和道具

拍摄美食的制作过程，必然涉及拍摄场景和道具的准备。我们选择在厨房拍摄煎制牛排，需要用到白色的圆盘、锅具、调味品等道具。

在拍摄之前，要确保食材的品相与品质过关，即牛排及辅料需新鲜干净、色彩鲜艳，这样会给观众带来视觉上的愉悦感。

2. 撰写拍摄提纲

创作美食类短视频要尽量做到节奏紧凑，画面不冗余，但也不要遗漏关键步骤。在拍摄前要想好怎么拍，可以先整理美食制作的流程，然后写出大致的脚本，这样在后期剪辑时不至于因为缺少素材而头疼。表 10-1 所示为煎制牛排的拍摄提纲。

表10-1　煎制牛排的拍摄提纲

提纲要点	提纲内容
准备牛排	牛排自然解冻后，使用厨房纸巾吸干水分；淋上少许橄榄油，涂抹均匀，锁住内部水分
腌制入味	撒上少许海盐、黑胡椒，放在一旁腌 1 小时
大火煎制	平底锅大火烧热，加入橄榄油；将手放在锅上方试温，油热后放入牛排，不要移动，此时温度较高，可以帮助牛排快速锁住表面肉汁；大约 1 分钟后，表层牛肉脱水变硬，发生美拉德反应，颜色变为深褐色，此时翻面，继续煎 1 分钟，不要移动
加入配料	改为小火，可以加入黄油、迷迭香等配料，同时将热油淋到牛肉上
小火煎熟	小火继续煎制，1 分钟左右翻面 1 次，让热力缓慢进入牛肉内部
关火醒肉	牛排煎好后（用时 6 分钟左右）关火，静置 5 ~ 10 分钟醒肉，锁住肉汁，增加鲜嫩口感
装盘展示	将煎好的牛排装盘，搭配西蓝花、番茄、洋葱等配菜，既营养又美味

10.1.2 拍摄美食制作过程

拍摄美食制作过程，光线一定要充足，光线不足会使画面噪点多，食材缺少新鲜感，影响观众食欲。美食类短视频的主要目的是突出食物，但需要注意的是，不要让食物占画面太满，而要对画面合理构图。在拍摄美食制作过程时，可以多拍特写镜头，这样会使画面更细腻、更有吸引力。在使用手机拍摄时，可以尝试用小的手机三脚架或者八爪鱼三脚架，以保证手机稳定，避免大范围地移动镜头。尤其需要注意，美食制作的整个过程可以分成多个片段拍摄，后期再剪辑到一起，除非有十分的把握，否则尽量不要"一镜到底"。图 10-1 所示为本案例拍摄的牛排煎制过程的视频素材。

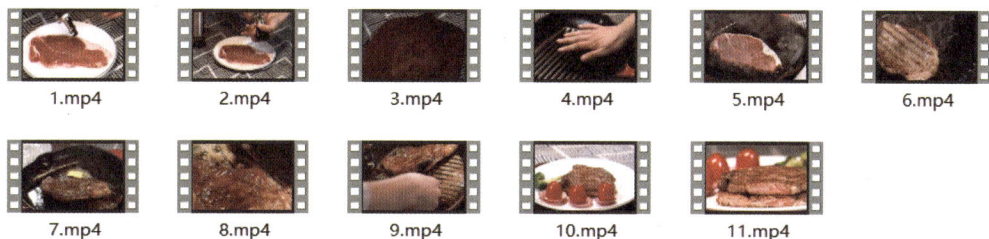

| 1.mp4 | 2.mp4 | 3.mp4 | 4.mp4 | 5.mp4 | 6.mp4 |

| 7.mp4 | 8.mp4 | 9.mp4 | 10.mp4 | 11.mp4 |

图10-1

小贴士

拍摄美食制作过程时对光源的选择有两点建议：①不能用闪光灯，闪光灯的光线过硬，会使食物看起来呆板，让人没有食欲；②不能用顶光，而要用侧光，侧光会使食物看起来更有立体感。当然，自然光是最好的。

10.1.3 使用剪映剪辑美食制作素材

（1）将素材（案例素材 \ 第 10 章 \10.1）按图 10-1 所示的顺序导入剪映中，如图 10-2 所示。

（2）点击轨道左侧的【关闭原声】按钮，效果如图 10-3 所示。

微课10-1

（3）调整素材时长。按住并向左拖动第 1 段视频素材右侧的⁮按钮，调整素材的时长为 17 秒，如图 10-4 所示。按照相同的方式，调整第 2 段视频素材的时长为 8 秒，调整第 4 段视频素材的时长为 5 秒，调整第 7 段视频素材的时长为 6 秒，调整第 8 段视频素材的时长为 6 秒。

（4）定格画面。将播放指针移至 01:57 处，选中最后一段视频素材，点击【分割】按钮，如图 10-5 所示。然后选中播放指针左侧的素材，点击工具栏中的【定格】按钮，如

图 10-6 所示。选中定格素材左侧的视频素材，单击【删除】按钮将其删除，如图 10-7 所示。

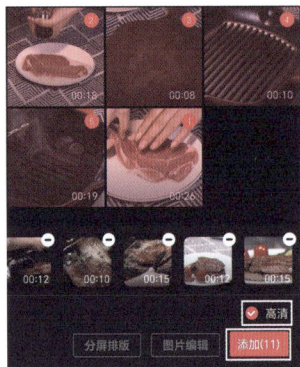

图10-2

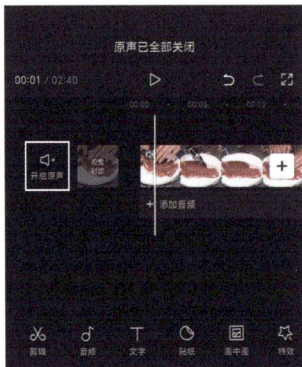

图10-3

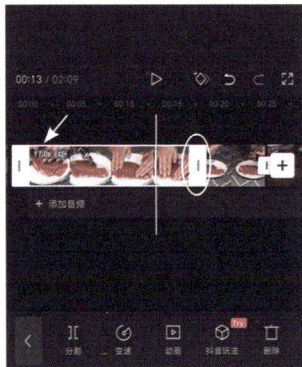

图10-4

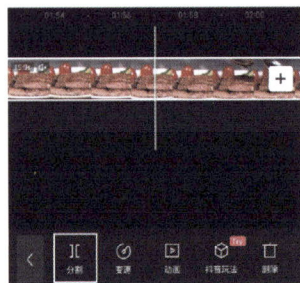

图10-5

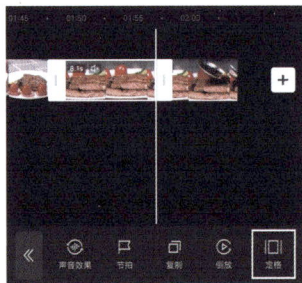

图10-6

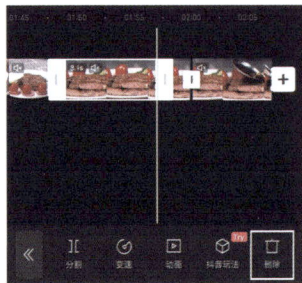

图10-7

（5）使用关键帧添加放大效果。选中定格素材，将其时长调整为 7 秒，然后将播放指针移至素材左侧，点击【关键帧】按钮，如图 10-8 所示。再将播放指针移至素材中间，在上方预览区域中使用双指缩放的方式将画面放大，效果如图 10-9 所示，此时软件会在素材中自动添加关键帧。最后将播放指针移至素材右侧，在上方预览区域中将画面还原至原大小，如图 10-10 所示，此时软件也会在素材中自动添加关键帧。

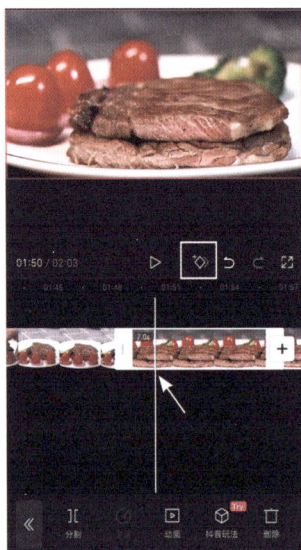

图10-8

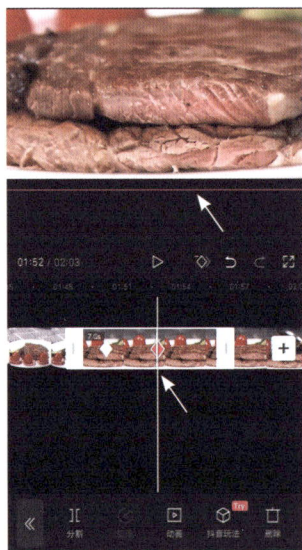

图10-9

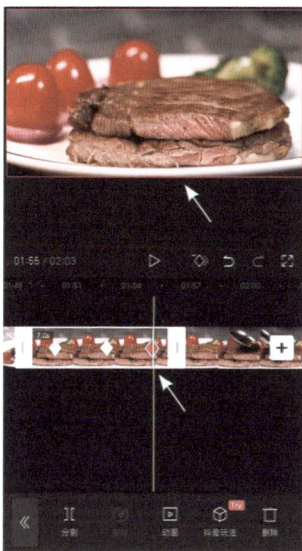

图10-10

（6）添加转场效果。点击任意两段素材中间的｜按钮，选择【叠化】选项卡中的【叠化】转场效果，将持续时间设置为 0.5 秒，点击【全局应用】按钮，点击【√】按钮，如图 10-11 所示。

（7）添加背景音乐。进入剪映的音乐素材库，选择【美食】类别，如图 10-12 所示。在美食音乐库中找到合适的背景音乐，点击【使用】按钮，如图 10-13 所示。

图10-11

图10-12

图10-13

（8）淡化音频。将播放指针移至视频素材的末尾，将多余音频分割并删除。选中剩余的音频素材，点击工具栏中的【淡化】按钮，在打开的【淡化】栏中将淡出时长设置为 5 秒，点击【√】按钮，如图 10-14 所示。

（9）添加字幕。将播放指针移至视频素材开头，点击【文字】按钮，在下一级工具栏中点击【新建文本】按钮，在弹出的文本框中输入字幕内容，在样式列表中选择白字黑边样式，将字号设置为 15，点击【√】按钮，如图 10-15 所示。在上方预览区域中将字幕移至画面中间靠下的位置，如图 10-16 所示。设置完成后在轨道中调整字幕的时长，然后复制该字幕，继续添加其余字幕内容。

（10）预览视频，点击【导出】按钮即可将视频导出至手机相册。

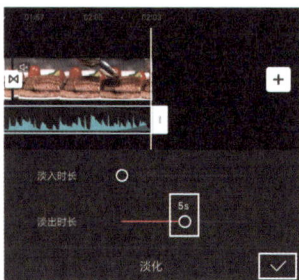
图10-14

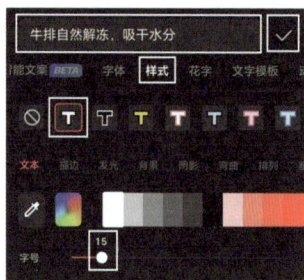
图10-15

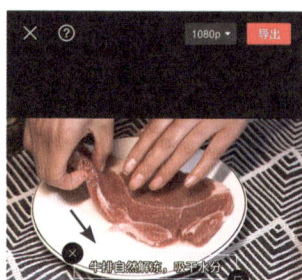
图10-16

10.1.4　使用抖音发布美食分享短视频

（1）打开抖音，进入抖音主界面，点击【＋】按钮，点击【相册】按钮，在相册列表中选择需要发布的短视频，然后点击【下一步】按钮。因短视频已经剪辑完成，这里直接点击【下一步】按钮即可。

（2）进入发布界面，添加作品描述和话题等内容，点击【修改封面】按钮设置封面，完成后点击【发布】按钮即可，如图 10-17 所示。

图10-17

10.2　生活Vlog短视频的创作和发布

生活 Vlog 短视频是用来记录日常生活的一种短视频形式。随着 Vlog 的流行，越来越多的用户开始通过 Vlog 来记录自己的日常生活，并将其分享给其他人。本节主要介绍生活 Vlog 短视频的创作和发布。

10.2.1 策划生活Vlog短视频的内容

春节年味浓浓总让人感到无比幸福。下面以春节为主题，制作一个"幸福年味"Vlog短视频，首先来策划一下拍摄内容。

1. 准备拍摄场景和道具

春节一家老小欢聚一堂，美食、笑声和音乐交织在一起，营造出欢庆的气氛，让人瞬间进入幸福的境地。因此，拍摄场地选为装扮喜庆、富有年味的室内，拍摄情景为贴窗花、写对联、包饺子、吃团圆饭等画面。为了增强节日氛围，还可以搭配窗花、对联、灯笼、红包等道具。

2. 撰写分镜头脚本

Vlog 的拍摄包含了很多细节，如拍摄的事件、地点、人物、道具、时间和拍摄角度等，因此在拍摄前需要仔细构思，有针对性地组织分镜头脚本，这样在拍摄和剪辑时才能更顺利。表 10-2 所示为"幸福年味"Vlog 的分镜头脚本。

表10-2 "幸福年味"Vlog的分镜头脚本

镜号	画面内容	景别	运镜方式	时长／秒	地点	音效	备注
1	两个孩子在一块嬉笑打闹	全景	固定镜头	5	阳台	喜庆的背景音乐	道具：灯笼
2	爷爷奶奶一起贴窗花	近景	固定镜头	13.3	窗前	同上	无
3	爷爷写对联	中景	固定镜头	6.7	书房	同上	无
4	爷爷奶奶一起赏对联	近景	固定镜头	6.3	书房	同上	无
5	爷爷准备红包	中景	固定镜头	13.4	书房	同上	无
6	一家人包饺子	中景	移镜头	8.7	厨房	同上	无
7	妈妈端菜上桌	中景	推镜头	10.4	餐厅	同上	无
8	一家人举杯庆祝	中景	固定镜头	7.2	餐厅	同上	无
9	菜品展示	特写	固定镜头	5.8	餐厅	同上	无

镜号	画面内容	景别	运镜方式	时长／秒	地点	音效	备注
10	一家人吃团圆饭	近景	移镜头	14.1	餐厅	同上	无
11	爷爷奶奶发红包	近景	固定镜头	13.5	客厅	同上	无
12	一家人合影留念	全景	固定镜头	15	餐厅	同上	保留摄像机拍摄的画面

10.2.2　拍摄生活Vlog片段

拍摄一家人欢度春节的 Vlog 时，由于演员众多，所以在服饰上要保证统一性，为了符合节日的气氛，可以让演员穿红色调服装。所有演员不必在同一个画面中出现，根据情景选择合适的演员出镜即可。在拍摄时，要注意演员的面部表情，尽量拍摄出每个人物的最佳状态。图 10-18 所示为本案例拍摄的"幸福年味"Vlog 的视频素材。

春节1.mp4	春节2.mp4	春节3.mp4	春节4.mp4	春节5.mp4
春节6.mp4	春节7.mp4	春节8.mp4	春节9.mp4	春节10.mp4
春节11.mp4	春节12.mp4	春节13.mp4		

图10-18

10.2.3　使用剪映剪辑生活Vlog素材

（1）将素材（案例素材＼第 10 章＼10.2）按图 10-18 所示的顺序导入剪映中。

（2）添加转场效果。点击任意两段素材中间的 ┃ 按钮，如图 10-19 所示。选择【叠化】选项卡中的【叠化】转场效果，将持续时间设置为 0.5 秒，点击【全局应用】按钮，点击【√】按钮，如图 10-20 所示。

微课10-2

（3）选中第 9 段视频素材，在预览区域中使用双指将画面放大，效果如图 10-21 所示。

图10-19

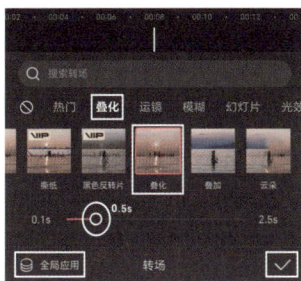
图10-20

图10-21

（4）添加画面特效。将播放指针移至最后一段视频素材的开始位置，点击工具栏中的【特效】按钮，如图 10-22 所示，然后点击下一级工具栏中的【画面特效】按钮，在【边框】选项卡下选择【MV 封面】选项，再次点击【MV 封面】选项可调整参数，将模糊值调整为50，如图 10-23 所示。设置完成后，画面效果如图 10-24 所示。

（5）添加背景音乐。将播放指针移至视频素材开头，点击工具栏中的【音频】按钮，然后点击下一级工具栏中的【音乐】按钮，进入音乐素材库，在搜索框中输入"中国年"进行搜索，找到合适的音乐后，点击【使用】按钮，如图 10-25 所示。将播放指针移至01:02 处，将音频素材末尾的按钮拖至 01:02 处，然后点击【复制】按钮复制音频，如图 10-26 所示。选中复制的音频素材，调整其时长至 02:02 处，将音频的淡出时长设置为5 秒，点击【√】按钮，如图 10-27 所示。

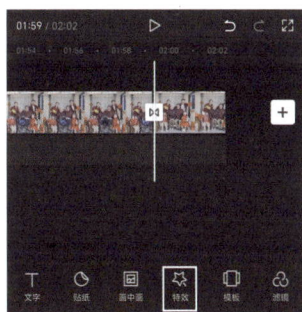
图10-22

图10-23

图10-24

图10-25

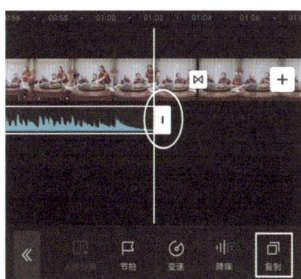
图10-26

图10-27

（6）添加文字模板。将播放指针移至视频素材开头，点击工具栏中的【文字】按钮，然后点击下一级工具栏中的【文字模板】按钮，如图 10-28 所示。在搜索框中输入"新年快乐"，然后在【节日】组中选择合适的模板，点击【√】按钮，如图 10-29 所示。添加后在预览区域中调整文字的大小和位置，效果如图 10-30 所示。

（7）预览视频效果，点击【导出】按钮即可将视频导出至手机相册。

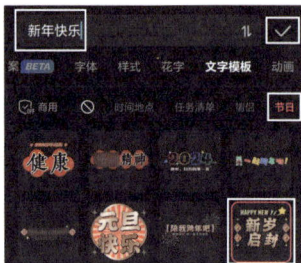

图10-28 　　　　　　　　　　图10-29 　　　　　　　　　　图10-30

10.2.4　使用快手发布生活Vlog短视频

（1）打开快手，进入快手主界面，点击【+】按钮，点击【相册】按钮，在相册列表中选择需要发布的短视频，然后点击【下一步】按钮。因短视频已经剪辑完成，这里直接点击【下一步】按钮即可。

（2）进入发布界面，添加作品描述和话题等内容，点击【编辑封面】按钮设置封面，完成后点击【发布】按钮即可，如图 10-31 所示。

图10-31

📱 **素养课堂**　　　　　　　　　　**提高综合能力素质**

　　提高综合能力素质可以帮助个人更好地适应社会发展和变化。现代社会竞争激烈，个人只有具备多方面的能力才能在职场和生活中取得成功。例如，良好的语言表达能力可以帮助个人更好地与人沟通，更好地表达自己的观点和想法；团队协作能力可以帮助个人更好地与他人合作完成任务；创新能力可以帮助个人产生新的想法和解决问题。随着社会的不断发展，提高个人综合能力素质可以为社会培养更多的高素质人才，推动社会的进步和发展。例如，科技创新需要具备创新能力和技术能力的人才来实现；社会管理需要具备领导和管理能力的人才来完成。

　　个人综合能力素质要从积累和实践两方面进行提高。一是积累，通过大量的学习，积累各方面的知识，提高个人的观察、思考、记忆、思维和想象等能力，不断提高个人的综合能力素质。二是实践，在掌握了大量知识后，只有在社会实践中反复运用这些知识，才能真正将其变成自己的本领。

10.3 风景航拍短视频的创作和发布

无人机航拍可以让我们从空中俯瞰大地，获得地面拍摄难以呈现的画面效果，给观众带来强烈的视觉震撼。特别是对于风景的拍摄，航拍具有不可比拟的优势。本节主要介绍风景航拍短视频的创作和发布。

10.3.1 策划风景航拍短视频的内容

年轻就要去远方，去看山川湖海，领略美不胜收的视觉盛宴，感受自然的力量与美妙。下面制作一个风景航拍短视频，首先来策划一下拍摄内容。

1. 准备拍摄设备和环境

（1）选择合适的无人机。无人机的选择取决于拍摄用途、距离和环境等因素，如拍摄画质、续航能力、信号传输、体积、敏捷性等。在选择时，总的原则是画质优先，体积和重量合适即可，其他方面可以根据预算来选择。

（2）确认飞行环境。在飞行前，需要对航拍区域进行全面的了解。了解航拍区域的地形、天气、植被、人员和建筑等情况，以及是否在限飞区、限飞高度等，做好安全飞行和拍摄计划。选择远离障碍物和高压线等危险区域的安全航线。同时，在无人机起飞和降落时，需要选择宽敞、平整、远离人群的区域。

2. 制订拍摄计划

在风景航拍的拍摄计划中，天气和时间是非常重要的考虑因素。最好选择无风或微风的天气。无人机拍摄需要用好光线，光线对自然风景和城市建筑画面的颜色和细节表现影响很大。因此，在拍摄时可以选择光线适宜的早上和傍晚，通常在日出和日落前后的30分钟左右的时间里进行航拍，以充分利用日出和日落的柔美光线。

10.3.2 航拍风景片段

（1）掌握飞行技巧。拍摄时，要保持稳定的飞行高度和水平方向、控制飞行速度、避免晃动等。此外，还需要时刻注意无人机的电量和信号强度，及时调整飞行高度和飞行速度，以避免无人机发生失联或坠机等意外情况。

（2）调整相机设置。在开始拍摄前，根据拍摄的环境和目标进行相机参数调整，如曝光、白平衡、快门速度和感光度等。此外，还要选择合适的拍摄方法，可以利用无人机自带的航拍模式来协助拍摄与创作，如全景模式、广角模式、跟随模式、环绕模式等，拍摄出具有变化和创意的画面。

图 10-32 所示为本案例拍摄的风景航拍视频素材。

图10-32

10.3.3　使用剪映剪辑风景航拍素材

（1）将视频素材（案例素材\第 10 章\10.3）按图 10-32 所示的顺序导入剪映中。添加音频素材（案例素材\第 10 章\10.3\风景 BGM）。

（2）添加音乐节拍。选中音频素材，点击工具栏中的【节拍】按钮，如图 10-33 所示。在打开的【节拍】栏中打开【自动踩点】，将速度调整

微课10-3

为最慢，点击【√】按钮，如图 10-34 所示。返回，按照音乐标记调整画面的切换点，如图 10-35 所示。

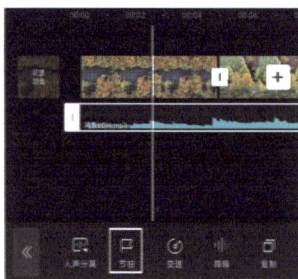

图10-33

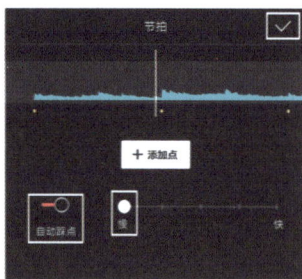

图10-34

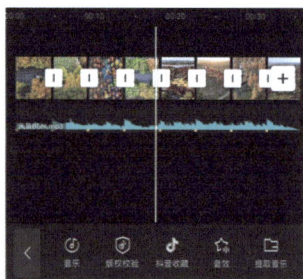

图10-35

（3）制作多画面同屏效果。选中第 2 段视频素材，点击【复制】按钮，然后选中复制出的素材，点击【切画中画】按钮，如图 10-36 所示。按照同样的方法，复制第 3～6 段素材并切画中画。将复制出的素材按图 10-37 所示排列在不同的轨道中，并调节每段素材的时长至 00:35 处。最后，分别选中每段素材，在预览区域中调整其大小和位置，效果如图 10-38 所示。这样，当视频播放到最后一段素材时，就会出现 6 个画面同时播放的效果。

（4）添加片头字幕。将播放指针移至视频素材开头，点击工具栏中的【文字】按钮，然后点击下一级工具栏中的【文字模板】按钮，在【旅行】组中选择合适的文字模板，点击【√】按钮，如图 10-39 所示。添加后在预览区域中调整文字模板的大小和位置，效果如图 10-40 所示。最后在轨道区域将文字素材的时长调整至与第 1 段视频素材的时长相同，如图 10-41 所示。

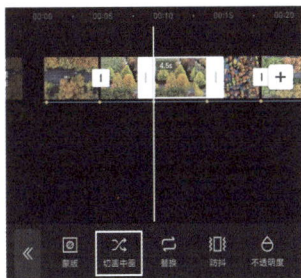
图10-36

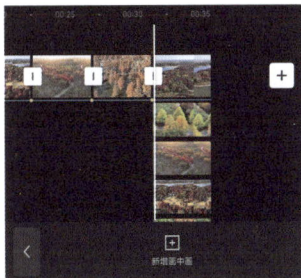
图10-37

图10-38

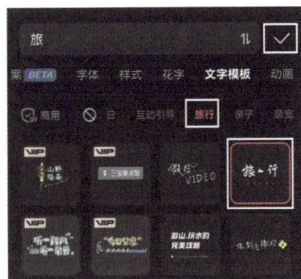
图10-39

图10-40

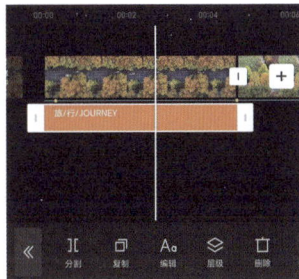
图10-41

（5）新建文本字幕 1。将播放指针移至第 2 段视频素材的开头，点击工具栏中的【文字】按钮，然后点击下一级工具栏中的【新建文本】按钮，如图 10-42 所示。在文本框中输入"旅 | 行 | 记 | 录"，然后切换至【字体】选项卡，在【热门】组中选择【细体】，如图 10-43 所示。切换至【样式】选项卡，将字号调整为 12，点击【√】按钮，如图 10-44 所示。添加后在预览区域中调整文字模板的大小和位置，效果如图 10-45 所示。最后在轨道区域将该字幕素材的时长调整至与第 2 ～ 7 段视频素材的总时长相同，如图 10-46 所示。

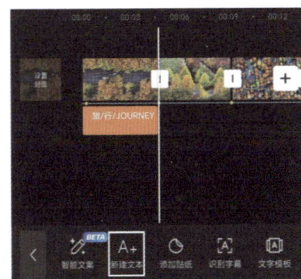
图10-42

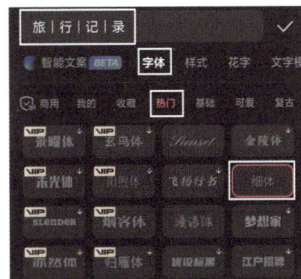
图10-43

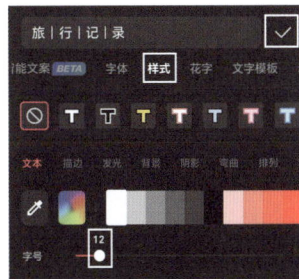
图10-44

（6）新建文本字幕2。将播放指针移至第2段视频素材的开头，点击工具栏中的【文字】按钮，然后点击下一级工具栏中的【新建文本】按钮，如图10-47所示。在文本框中输入"等风来，不如追风去"，然后切换至【字体】选项卡，在【热门】组中选择【抖音体】，点击【√】按钮，如图10-48所示。添加后在预览区域中调整文字模板的大小和位置，效果如图10-49所示。最后在轨道区域将该字幕素材的时长调整至与第2段视频素材的时长相同，如图10-50所示。

图10-45

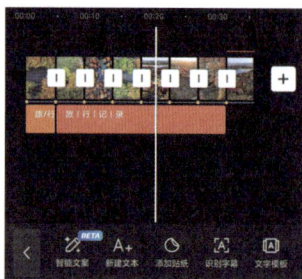

图10-46

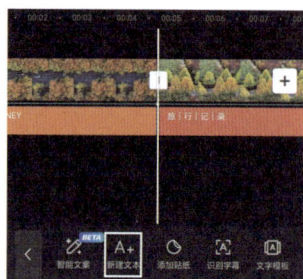

图10-47

图10-48

图10-49

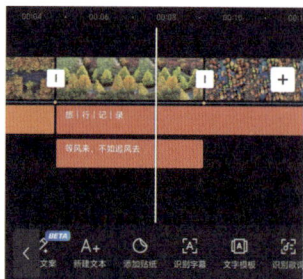

图10-50

（7）添加其他字幕。选中步骤（6）中添加的文字素材，点击【复制】按钮，将复制出的字幕移至第3段视频素材的开头，并调节字幕素材时长至与第3段视频素材的时长相同，然后选中该字幕素材，点击【编辑】按钮，将文本设置为"山不见我，我自去见山"。按照同样的方法，为第4～7段视频素材添加字幕，效果如图10-51所示。

（8）预览视频，点击【导出】按钮即可将视频导出至手机相册。

图10-51

10.3.4 使用西瓜视频发布风景航拍短视频

（1）打开西瓜视频，进入主界面，点击【发视频】按钮，在【我的相册】中选择需要发布的短视频，因为短视频已经剪辑完成，所以可以直接点击【去发布】按钮。

（2）进入发布视频界面，点击【修改封面】按钮设置封面，添加标题"出发，永远比向往更有意义！"，选择合适的标签，如"#秋天""#身边风景"。

（3）设置完成后，点击【发布】按钮即可，如图 10-52 所示。

图10-52

10.4 产品介绍短视频的创作和发布

产品介绍短视频可以让平面图片变得生动形象，也可以让产品变得真实具体，还可以详细地展示产品细节，为店铺提高转化率。本节主要介绍产品介绍短视频的创作和发布。

10.4.1 策划产品介绍短视频的内容

高质量的产品介绍短视频，离不开精心的策划。制作产品介绍短视频的第一步是对产品宣传片进行策划，包括明确产品介绍短视频的内容并撰写产品介绍短视频的拍摄提纲。下面制作手拉蒜泥器的短视频，首先来策划一下拍摄内容。

1. 准备拍摄场景和道具

拍摄产品类短视频时，场景的选择和布置很重要。手拉蒜泥器一定是与美食相关的，因此选择在厨房拍摄。因为是在室内拍摄，所以还需要进行相应的布光。

在拍摄视频前，要确保产品本身洁净。对产品的清理既要合理，又不能对其造成损害。清理的标准是一尘不染，即产品上不能有任何灰尘、手印等，因为这些微小的污染物在镜头下会非常明显，影响产品形象。

道具是拍摄产品类短视频时必不可少的，道具的选择一定要合理，以便更好地衬托产品。拍摄手拉蒜泥器时，直接使用新鲜大蒜来展示能更好地突出产品功能。同时，添加一些新鲜的红、绿辣椒等能起到装饰、丰富画面的效果。

2. 撰写拍摄提纲

短视频的内容以展示产品为主，且没有剧情，所以脚本类型选择拍摄提纲。拍摄提纲的主要内容涉及手拉蒜泥器的外观、材质、设计、功能、使用方法、使用范围、特点描述等，所以各个镜头也要按照产品展示的流程安排。表 10-3 所示为手拉蒜泥器的拍摄提纲。

表10-3　手拉蒜泥器的拍摄提纲

提纲要点	提纲内容
外观	杯盖、杯体、刀片
材质	PC 透明材质杯体，电解 420 不锈钢刀片，尼龙拉绳
设计	抽拉把手，卡扣设计
功能	快速切碎食材
使用方法	放入食材，旋紧盖子，拉动把手
使用范围	绞大蒜、绞瘦肉、做辅食，一机多用
特点描述	使用方便，省时省力，安全耐用

10.4.2　拍摄产品视频素材

拍摄产品短视频，一定要突出产品的主体地位。拍摄者要将产品放到醒目的位置，并尽可能使产品占据大部分画面，同时选用简单的背景，避免分散消费者的注意力。

产品内容的表达要真实可靠，尽量消除现实和想象的差距，把产品真实地展现在消费者眼前。同时，拍摄者还应从多种角度展示产品，这样才能给消费者更直观的感受，得到消费者的信赖。图 10-53 所示为本案例拍摄的产品视频素材。

产品1.mp4　　产品2.mp4　　产品3.mp4　　产品4.mp4　　产品5.mp4

图10-53

10.4.3　使用剪映剪辑产品介绍素材

（1）将视频素材（案例素材＼第 10 章＼10.4）按图 10-53 所示的顺序导入剪映中。

（2）视频变速。选中第 1 段视频素材，点击工具栏中的【变速】按钮，如图 10-54 所示。点击下一级工具栏中的【常规变速】按钮，如图 10-55 所示。进入变速界面，将速度轴数值调整为"5.0×"，然后点击【√】按钮，如图 10-56 所示。

微课10-4

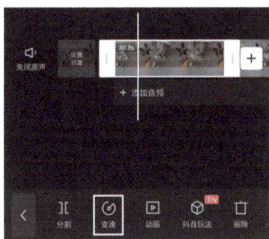
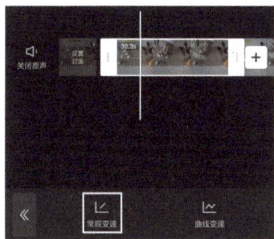
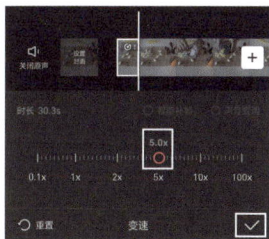

图10-54　　　　　　　　　　图10-55　　　　　　　　　　图10-56

（3）采用上述方法，将第 2 段视频素材的速度调整为"1.5×"，如图 10-57 所示。将第 3 段视频素材的速度调整为"3.0×"，如图 10-58 所示。将第 4 段视频素材的速度也调整为"3.0×"，如图 10-59 所示。第 5 段视频素材的速度保持不变。

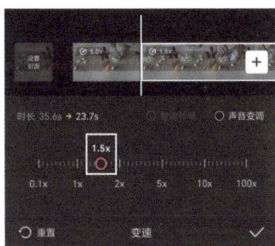
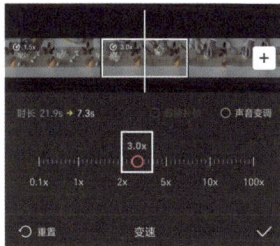
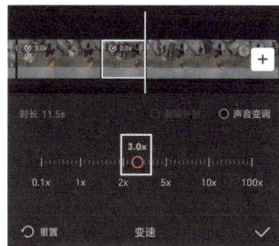

图10-57　　　　　　　　　　图10-58　　　　　　　　　　图10-59

（4）分割并删除素材。选中第 2 段视频素材，将播放指针移至第 10 秒的位置，点击工具栏中的【分割】按钮，如图 10-60 所示。然后选中播放指针左侧的视频素材，点击【删除】按钮，如图 10-61 所示。调整后第 2 段视频素材的时长如图 10-62 所示。

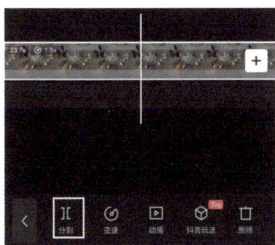
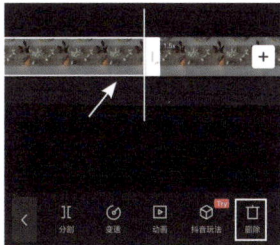
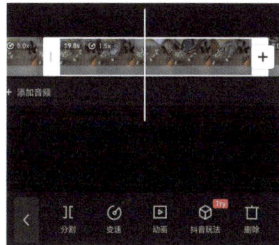

图10-60　　　　　　　　　　图10-61　　　　　　　　　　图10-62

（5）为视频调色。将播放指针移至视频素材开头，点击工具栏中的【调节】按钮，如图 10-63 所示。进入调节界面，选择【调节】选项卡下的【亮度】选项，将数值调整为 30，如图 10-64 所示。选择【对比度】选项，将数值调整为 30，如图 10-65 所示。选择【饱和度】选项，将数值调整为 18，如图 10-66 所示。选择【光感】选项，将数值调整为 25，如图 10-67 所示。选择【色温】选项，将数值调整为 20，如图 10-68 所示。选择【色调】选项，将数值调整为 20，如图 10-69 所示。完成后点击右下角的【√】按钮，返回主界面。将添加的调节素材的时长调整至与所有视频素材的总时长相同，这样调色的效果可覆盖整个视频，如图 10-70 所示。调整后画面效果如图 10-71 所示。

图10-63

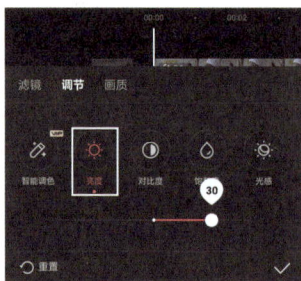

图10-64

图10-65

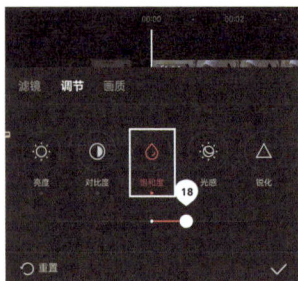

图10-66

图10-67

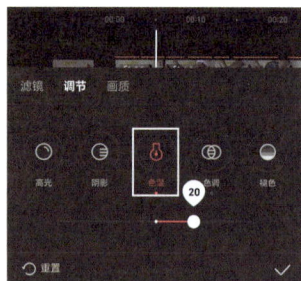

图10-68

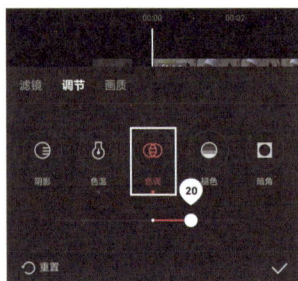

图10-69

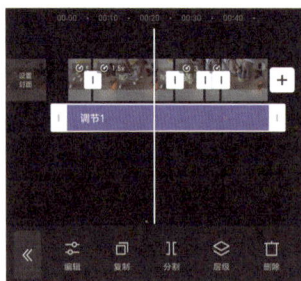

图10-70

图10-71

（6）添加字幕。将播放指针移至视频素材开头，点击工具栏中的【文字】按钮，然后点击下一级工具栏中的【文字模板】按钮，在【字幕】组中选择一种合适的模板。在文本框中输入文字"厨房料理小能手",完成后点击【√】按钮,如图 10-72 所示。在预览区域中调整字幕的大小和位置,效果如图 10-73 所示。然后在轨道区域中调整文字素材的时长,如图 10-74 所示。

(7)添加其他字幕。选中步骤(6)中添加的字幕素材,点击工具栏中的【复制】按钮,然后编辑内容即可。本案例的字幕内容如图 10-75 所示。

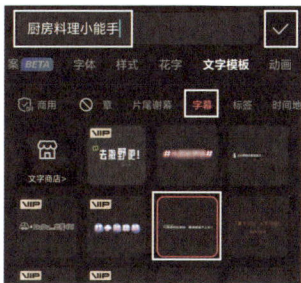

图10-72

图10-73

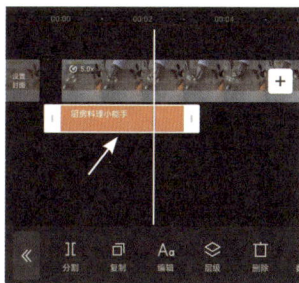

图10-74

图10-75

(8)添加动画转场效果。点击两段视频素材之间的□按钮,如图 10-76 所示。进入转场效果设置界面,选择【叠化】选项卡下的【叠化】转场效果,设置转场时间为 1 秒,点击【全局应用】按钮,然后点击【√】按钮,如图 10-77 所示。

图10-76

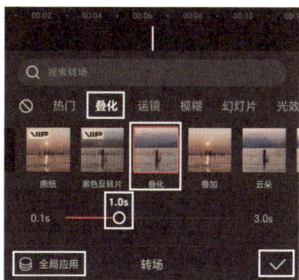

图10-77

(9)添加背景音乐。将播放指针移至视频素材开头,点击工具栏中的【音频】按钮,然后点击下一级工具栏中的【音乐】按钮。进入音乐选择界面,点击【导入音乐】按钮,然后点击【本地音乐】按钮，找到"蒜泥器背景音乐"（案例素材\第 10 章\10.4\蒜泥器背景音乐），点击【使用】按钮，如图 10-78 所示。

（10）编辑音频。选中添加的音频素材，按住并向右拖动音频素材左侧的█按钮，去掉音频开头的静音部分。将播放指针移至视频素材结尾，点击工具栏中的【分割】按钮，如图 10-79 所示，然后点击【删除】按钮将其删除，如图 10-80 所示。选中音频素材,点击工具栏中的【淡化】按钮，在打开的【淡化】栏中将淡出时长设置为 5 秒，然后点击【√】按钮，如图 10-81 所示。

（11）设置完成后预览视频，然后点击【导出】按钮即可。

图10-78

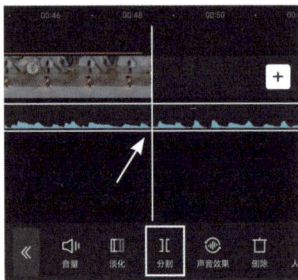

图10-79

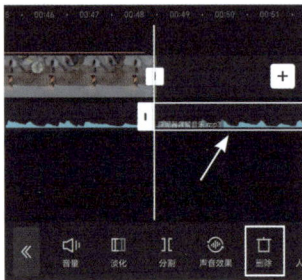

图10-80

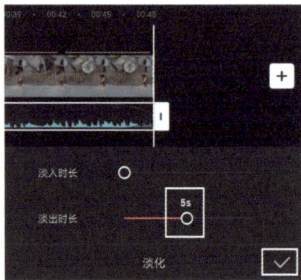

图10-81

10.4.4　使用微信视频号发布产品介绍短视频

（1）打开微信视频号，点击【发表视频】按钮，点击【从相册选择】，在弹出的界面中选择要发布的短视频，然后点击【下一步】按钮。

（2）进入视频编辑界面，在这里可以为视频添加音频、标签、文字及进行剪辑操作，因为短视频已经剪辑完成，所以这里点击【完成】按钮即可。

（3）进入发布界面。在视频缩略图下方点击【更换封面】按钮，进入封面编辑界面，选择合适的封面后点击【完成】按钮。

（4）返回发布界面，添加文案"魔盒手中握，各式食材轻松变身！"，添加话题，如"#厨房帮手"等，然后添加标题"新一代多功能捣蒜器"，设置完成后，点击【发表】按钮即可，如图 10-82 所示。

图10-82